U0326070

“十三五”主要大气污染物减排规划编制技术方法

蒋春来 宁 淼 雷 宇 / 著

中国环境出版集团·北京

图书在版编目（CIP）数据

“十三五”主要大气污染物减排规划编制技术方法/蒋春来，宁淼，雷宇著. —北京：中国环境出版集团，2018.4

ISBN 978-7-5111-3506-3

Ⅰ. ①十… Ⅱ. ①蒋… ②宁… ③雷… Ⅲ. ①大气污染物—总排污量控制—环境保护规划—编制—中国 Ⅳ. ①X51

中国版本图书馆 CIP 数据核字（2018）第 012843 号

出 版 人 武德凯
责任编辑 葛 莉 宾银平
责任校对 任 丽
封面设计 彭 杉

出版发行 中国环境出版集团
（100062 北京市东城区广渠门内大街 16 号）
网 址：http://www.cesp.com.cn
电子邮箱：bjgl@cesp.com.cn
联系电话：010-67112765（编辑管理部）
010-67113412（第二分社）
发行热线：010-67125803，010-67113405（传真）

印 刷 北京中科印刷有限公司
经 销 各地新华书店
版 次 2018 年 4 月第 1 版
印 次 2018 年 4 月第 1 次印刷
开 本 787×960 1/16
印 张 8.75
字 数 100 千字
定 价 28.00 元

“十三五”主要大气污染物减排规划编制技术方法

技 术 组

组　　长：蒋春来　副研究员　环境保护部环境规划院

副 组 长：宁　淼　研究员　环境保护部环境规划院

　　　　　雷　宇　研究员　环境保护部环境规划院

其他成员（以姓氏拼音排序）：

陈潇君　陈小方　黄志辉　梁小明　宋晓晖

唐　倩　许艳玲　王彦超　王慧丽　叶代启

尹　航　钟悦之　郑　伟　张嘉妮　赵登梅

统　　稿：蒋春来

本书资助项目为国家重点研发计划大气污染成因与控制技术研究专项（2016YFC0208400）

前 言

主要污染物总量减排是改善环境质量的重要手段。我国自“十五”开始推动主要污染物总量减排工作，自“十一五”开始，减排指标开始纳入国民经济和社会发展规划纲要并作为约束性指标，在全国范围内实行行政命令式刚性减排，各地区、各部门按照中央部署和要求，采取了强化目标责任、调整产业结构、实施重点工程、推动技术进步等一系列措施，“十一五”“十二五”主要污染物减排均全面完成预期目标，在推动环境保护基础设施建设、加强环境监管能力、落实地方政府责任、调整经济增长方式、缓解资源环境矛盾等方面发挥了重要作用。针对不同发展阶段的主要大气污染问题，我国在各时期明确了相应的减排因子、制定了不同的控制目标及要求，减排体系不断完善，减排管理手段和技术方法逐步发展。在此期间，减排规划在明确减排思路、确定减排目标、统筹减排路线、推动减排实施、提高减排管理水平等方面发挥了重要作用。

“十三五”期间是我国全面建设小康社会的关键时期，也是环境保护大有作为的战略机遇期。党中央提出以改善环境质量为核心，补齐生态环境突出短板，特别是空气质量短板，坚决打好“蓝天保卫战”，让人民群众有更明显获得感的新要求。《“十三五”生态环境保护规划》提出“十三五”期间持续推进二氧化硫（SO_2）、氮氧化物（NO_x）减排工作，重点地区重点行业推进挥发性有机物（VOCs）减排。为实现科学减排、高效减排和持续减排，进一步加强各地主要大气污染物减排规划编制的科学性和规范性，提高规划指导性和可操作性，环境保护部环境规划院联合环境保护部机动车排污监控中心、华南理工大学，结合国家环境管理最新要求和最新研究成果，编制了《“十三五”主要大气污染物减排规划编制技术方法》。本书针对国家重点控制的 SO_2、NO_x、VOCs 三项减排指标，在系统分析污染物污染特征、源排放构成及排放特点的基础上，构建了以省级行政区域为基本单元，以改善空气质量为目标和约束，涵盖工业源、移动源、生活源全领域的减排规划编制技术体系，并建立了相应技术方法，以期为国家及各省（区、市）主要大气污染物减排规划编制和实施提供支撑。

本书在编制过程中得到了环境保护部大气环境管理司的指导及很多专家的帮助，在此表示衷心感谢。由于主要大气污染物减排涉及领域广泛以及编者水平有限，本书难免存在疏漏、错误之处，恳请广大读者批评指正！

著　者

2017 年 12 月于北京

目 录

第 1 章 总 则

为应对更加复杂多元的大气环境问题，“十三五”期间我国大气减排规划在顶层设计和具体实施中，包括减排因子设定、减排目标确定、减排源覆盖范围选取及技术路线选择上需突出强调对环境质量的改善作用，把主要大气污染物减排作为打赢“蓝天保卫战”的重要突破口，强化总量减排对调整经济结构、转变经济发展方式、推动科学发展的职能和作用。

1.1 目的和意义

主要污染物总量减排是改善环境质量的重要手段，是调结构、转方式、惠民生的重要抓手。为实现 2020 年全面建成小康社会的宏伟目标，党的十八届五中全会通过的《关于制定国民经济和社会发展第十三个五年规划的建议》提出，“主要污染物排放总量大幅减少”；新修订的《环境保护法》提出，“国家实行重点污染物排放总量控制制度”。

“十二五”期间，我国在经济总量快速增长、能源消费总量不断攀升、城镇化快速扩张的大背景下，深入推进主要大气污染物减排工作，用硬措施完成硬任务。截至 2015 年年底，全国完成煤电机组脱硫改造 4.2 亿 kW，新建脱硝设施 8 亿 kW，煤电机组超低排放改造完成 1.9 亿 kW，煤电行业脱硫脱硝装机比例分别达到 99%和 92%；新建钢铁烧结机脱硫面积 10.9 万 m^2，新建水泥熟料脱硝设施 8.8 亿 t，钢铁烧结机和水泥熟料脱硫脱硝比例分别达到 88%和 92%；淘汰黄标车和老旧汽车 1 150 万辆；二氧化硫（SO_2）和氮氧化物（NO_x）排放总量分别较 2010 年削减了 18.0%和 18.6%，分别完成"十二五"目标的 225%、186%。污染减排产生了明显的环境效益，全国酸雨面积恢复到 20 世纪 90 年代水平，$PM_{2.5}$ 浓度有所降低。虽然减排工作取得了一定进展，但我国的主要大气污染物排放总量仍然处于高位，细颗粒物（$PM_{2.5}$）和臭氧（O_3）等复合型污染问题突出。根据 2015 年空气质量监测数据，估计全国地级及以上城市中，约 79%不能达标。研究表明，要实现全国空气质量全面达标，主要污染物的排放总量需要进一步减少 30%～50%。为全面改善空气质量、保障小康社会的环境目标顺利实现，要进一步加大主要大气污染物减排力度。

"十三五"期间，是我国全面建设小康社会的关键时期，也是经济发展步入新常态、新型城镇化建设全面推进、生态环境保护面临重大转型的关键时期。科学编制"十三五"主要大气污染物减排规划是落实国家"十三五"发展目标、有效配置公共资源、强化政府宏观调控的一项重要工作，是"十三五"环境保护规划的重要组成部分，是指导"十三五"污染减排工作的纲领性文件，同时也是"十三五"主要污染物总量指标确定、减排考核评估的重要依据。

1.2 编制原则

1.2.1 质量导向

污染物总量减排是改善环境质量的重要抓手，目标的确定及控制措施的实施要与当地环境质量改善紧密挂钩。污染严重、环境质量超标的地区，需要承担更多的减排任务；环境质量良好、达到环境标准的地区，可在环境容量允许的条件下，维持或适当增加主要污染物排放量。

1.2.2 统筹衔接

规划编制要服从国家宏观经济政策，服从节能减排重大战略，服从环境空气质量改善、产业布局和结构调整要求，从源头预防、过程控制、末端治理等全过程系统控制角度，对主要大气污染物减排规划进行总体设计，作为生态文明体制改革的组成部分，支持经济与环境协调发展。在规划目标与规划方案的制定过程中，要加强统筹协调、上下衔接、部门联动，做到宏观与微观相结合，区域与城市相结合，行业与项目相结合。

1.2.3 分类指导

各省（区、市）应基于分区域、分行业的技术、政策、标准等差异化要求，合理测算减排潜力。减排目标与任务应结合当地社会经济发展目标和资源能源消费需求，综合考虑地区差异、环境质量目标、经济发展水平、污染治理现状、污染密集型行业比重、环境容量等因素，因地制宜地确定。各地应根据实际情况，实施区域性、特征性污染物总量控制。

1.2.4 分解落地

在“十二五”总量减排成果和其他科研支撑成果的基础上，准确掌握本地区主要污染物排放状况、重点行业治理水平，合理确定总量控制基数，科学预测污染物新增量，上下统筹衔接，将减排任务分解落实到地区、行业、污染源，明确工作重点，落实责任，严格考核，通过规划编制切实推动“十三五”

污染减排工作。

1.2.5 合理可行

总量控制目标确定和任务落实要兼顾需求和实际可能，在综合考虑新增量的基础上，按照技术可达可控、政策措施可行、经济可承受的思路，做好存量、新增量、减排潜力、削减任务之间的系统分析，合理把握工作节奏和步伐，做到总量控制目标、任务和投入、政策相匹配。

1.3 减排因子和范围

1.3.1 减排因子

紧密围绕环境质量改善需求，按照《"十三五"生态环境保护规划》的减排要求，有效控制 $PM_{2.5}$ 和 O_3 污染，"十三五"期间国家对 SO_2、NO_x 和 VOCs 实行总量控制，其中 SO_2、NO_x 为约束性考核指标。各地可根据当地环境质量状况和污染特征，增设特征性污染物总量控制因子。

1.3.2 减排范围

"十三五"期间，进一步拓展受控污染源范围，建立涵盖工业源、移动源、生活源等多领域的总量减排体系。

（1）SO_2 减排范围。在"十二五"的基础上，各地可根据管理基础酌情增加船舶污染控制。船舶按照航行区域分为内河、沿海、远洋船舶等。截至 2015 年年底，全国运输船舶 16.6 万艘、船舶功率 7 260 万 kW，完成旅客周转量 73 亿人·km，货物周转量 91 772 亿 t·km，SO_2 排放量 78.8 万 t，占全国 SO_2 排放总量的 4%。

（2）NO_x 减排范围。在“十二五”的基础上，各地可根据管理基础酌情增加非道路移动源污染控制，重点为工程机械、农业机械和船舶等。工程机械是指用于工程建设施工机械的总称，包括挖掘机、推土机、装载机、叉车、压路机、摊铺机、平地机等；农业机械是指在作物种植业和畜牧业生产过程中，以及农、畜产品初加工和处理过程中所使用的各种机械，包括拖拉机、农用运输车（农机牌照）、联合收割机、排灌机械以及其他机械等。截至 2015 年年底，全国工程机械保有量 691 万台，农业机械柴油发动机总动力 9.0 亿 kW，运输船舶 16.6 万艘，NO_x 排放量 564 万 t，与机动车源排放量大致相当，占全国 NO_x 排放总量的 20%。

（3）VOCs 减排范围。包含工业源、交通源、生活源、农业源四大部分，其中，工业源主要包含石化、化工、工业涂装、印刷、木材加工、食品制造、电子信息等行业；交通源主要包含道路机动车、非道路移动源、油品储运销等；生活源主要包含干洗、建筑装饰、餐饮油烟、居民生活化石燃料燃烧、居民日用品消费等；农业源主要包含生物质露天焚烧、生物质燃料燃烧、农药使用等。据相关科学研究结果，2015 年全国工业源 VOCs 排放量约为 1 068 万 t，占全国人为源 VOCs 排放总量的 43%；交通源 VOCs 排放量约为 712 万 t，占全国人为源 VOCs 排放总量的 28%；生活源 VOCs 排放量为 378 万 t，占全国人为源 VOCs 排放总量的 15%；农业源 VOCs 排放量为 344 万 t，占全国人为源 VOCs 排放总量的 14%。

综合考虑各类 VOCs 源的排放水平、环境影响及治理的经济、技术可行性等因素，“十三五”期间，重点推进工业源中的石化、化工、工业涂装、包装印刷、电子信息等行业，交通源中的机动车、油品储运销，生活源中的建筑装饰、汽修、干洗、餐饮等行业 VOCs 的综合整治。

1.4 规划基准年与排放基数

规划编制的基准年为2015年，规划目标年为2020年。

对于SO_2和NO_x，各省（区、市）应以2015年主要污染物排放量为基础，并加入船舶SO_2排放量和非道路移动源NO_x排放量（全国统一测算结果见附表1-1），作为规划编制基数。各省也可参照《非道路移动源大气污染物排放清单编制技术指南》或者本地已有方法测算船舶SO_2和非道路移动源NO_x2015年排放量。

考虑到各地VOCs污染控制工作基础薄弱，各省VOCs排放基数可参考全国统一测算结果，见附表1-1。鼓励有条件的省份根据本地调查统计结果，或依据《大气挥发性有机物源排放清单编制技术指南》自行测算2015年排放量。

1.5 控制目标

"十三五"时期是我国环境管理转型的重要时期，我国应初步建立"以空气质量改善为导向"的减排控制目标确定和指标分配体系。各省（区、市）可参考本书所提供的技术方法，将空气质量目标作为约束条件，综合考虑当地经济发展需求、产业和能源结构调整要求、污染物排放控制现状等因素，科学预测污染物新增量，基于先进污染治理技术、排放标准及相关政策要求，测算减排潜力，综合平衡最终确定"十三五"减排目标（图1-1）。原则上，大气污染严重、环境空气质量超标的地区，需要承担更多的减排任务；环境空气质量良好、达到环境空气标准的地区，可在环境容量允许的条件下，维持或适当增加主要污染物排放量。

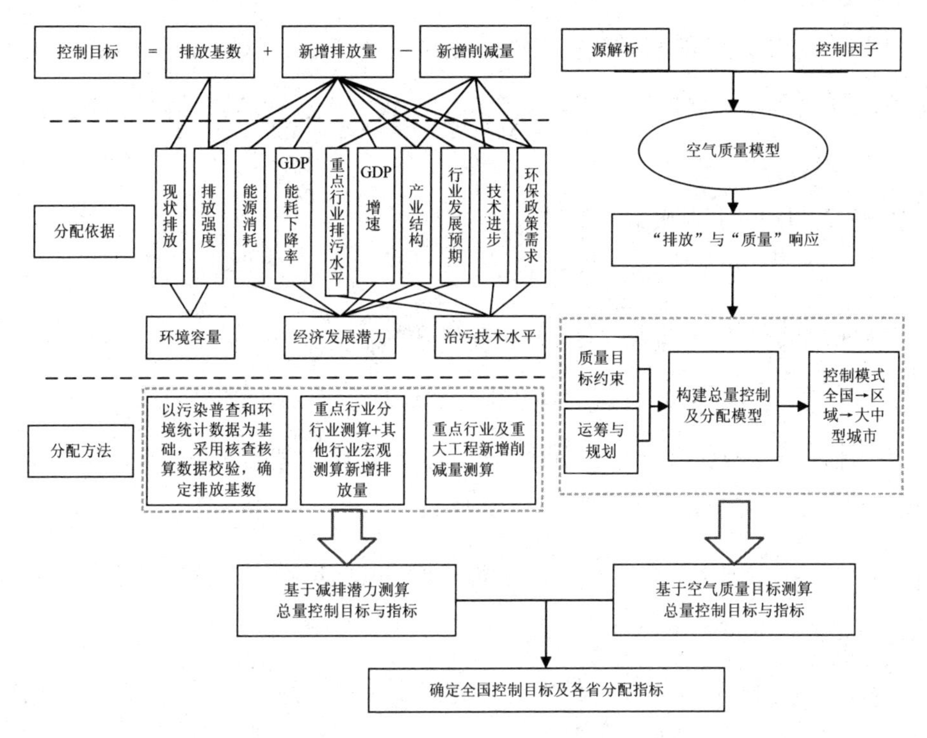

图 1-1　以质量为约束的国家－地方总量控制目标指标确定技术方法

根据国家环境质量改善要求，各省（区、市）SO_2 和 NO_x 的削减比例原则上不低于当地“十三五”期间 $PM_{2.5}$ 或 PM_{10} 浓度下降比例；考虑到 O_3 等污染防治要求对 NO_x 和 VOCs 进行协同减排，京、津、冀、鲁、江、浙、沪、粤等 O_3 污染较严重省（区、市）的 VOCs 削减量原则上不低于其 NO_x 削减量，削减比例原则上不低于 15%；东部其他地区、中部省份和陕、渝等西部地区 VOCs 削减比例原则上不低于 5%。鼓励有条件的省份根据当地空气质量改善目标，运用空气质量模型等技术方法，开展基于环境容量总量的减排研究工作，提出减排目标。

减排目标采取绝对量和相对量两种表达形式。绝对量指 2020 年排放控制量相对于 2015 年排放基数的减排量（以万 t/a 表示），相对量指该绝对量相对于 2015 年排放基数的削减比例（以%表示）。除 SO_2、NO_x 和 VOCs 减排总目标外，各地区可根据控制重点，确定电力、钢铁等行业和移动源的减排目标。

1.6 规划编制技术路线

规划编制的技术路线（图 1-2）包括以下步骤：

（1）省（区、市）组织省辖各地对"十二五"污染减排工作的执行情况以及"十三五"减排形势进行分析，确定总量减排规划的对象范围，掌握基础数据；

（2）结合 2015 年核查核算、环境统计等排放量数据，确定基准年污染物排放基数；

（3）结合国民经济规划和相关各类专项规划，预测"十三五"主要污染物新增量；

（4）基于减排重点任务和各地重点减排工作，测算减排潜力，制订减排方案，落实到重点污染源和重点工程项目；

（5）以本地环境质量改善目标为约束，结合减排潜力和预测的新增量，提出"十三五"各项污染物减排目标；

（6）统筹考虑经济社会发展、环境质量改善要求及国家下达的总量控制目标，确定本省（区、市）"十三五"总量减排规划；

（7）各省（区、市）组织省辖各地进行对接，将减排目标、任务措施、实施项目分解落实，制定实施方案；

（8）实施"十三五"总量减排规划以及年度减排计划。

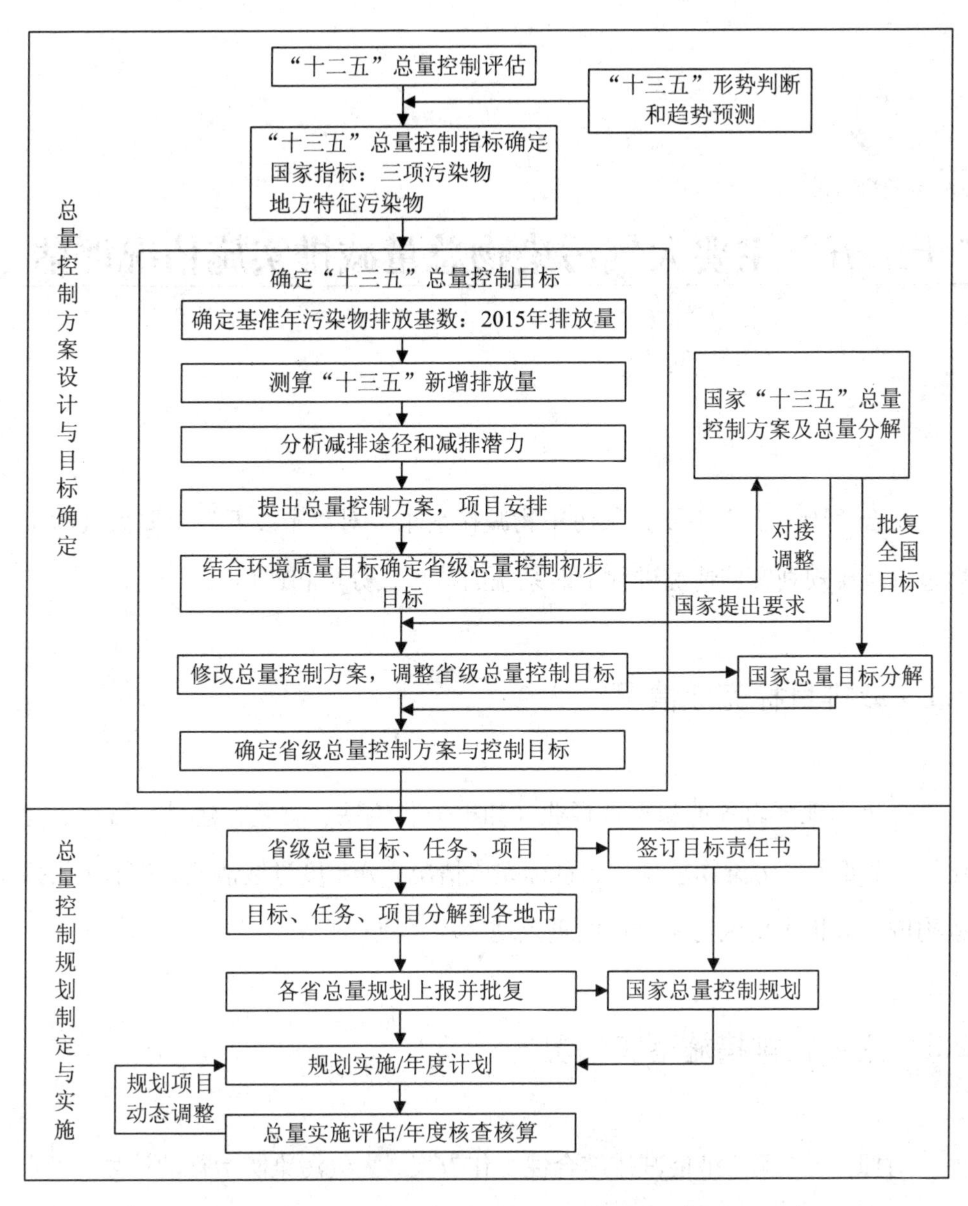

图 1-2　“十三五”总量控制规划编制技术路线

第2章 “十二五”主要大气污染物总量减排实施情况评估

结合“十三五”主要大气污染物减排需求，对“十二五”主要大气污染物总量减排规划实施情况进行全面系统的梳理、分析和评估。

2.1 减排目标完成情况

分析本地区内各地和重点行业（如电力、钢铁、有色、建材、石化、焦化等）主要大气污染物总量控制目标完成情况、分年度进展情况。基于污染排放构成，分析本地区污染排放的重点地区和重点行业。

2.2 主要减排措施落实情况

对照“十二五”节能减排综合性工作方案、大气污染防治行动计划和“十二五”减排目标责任书提出的重点任务措施等，按照火电厂脱硫脱硝设施、钢铁行业脱硫设施、水泥行业脱硝设施、玻璃行业脱硫脱硝设施、其他工业行业污染治理、淘汰关停落后产能、小锅炉淘汰以及机动车综合治理（黄标车淘汰、油品质量升级、在用车环保检测）等方面分别说明“十二五”减排措施的落实情况。分析本地区能源发展、能源结构调整、能源清洁化替代（集中供热替代燃煤小锅炉、煤改气、煤改电、散煤治理）等进展情况。

2.3 减排配套政策制定和落实情况

系统梳理本地区减排政策制定和落实情况，包括减排指标分解、建设项目总量指标前置管理、排污许可管理、环保电价、排污权交易、财政补贴、减排考核等各项政策，以及统计监测等能力建设情况。

2.4 实施中存在的问题与建议

总结本地区“十二五”主要大气污染物总量减排规划实施中存在的主要问题，包括体制机制、指标分解、政策措施、监管考核等各方面，提出“十三五”主要大气污染物减排实施建议。

第3章 “十三五”主要大气污染物减排思路

“十三五”期间我国社会经济将在“新常态”下发展，新型工业化、信息化、城镇化和农业现代化将为我国“十三五”发展提供新的动力，在能源生产和消费革命、生态文明体制改革全面推进的背景下，资源能源消费增速将明显减缓，“两高一资”产品产量将基本达到峰值。“十三五”期间经济社会发展的转型期也是进一步推进减排工作的战略机遇期，要利用这一机遇，持续推进减排，倒逼产业和能源结构优化，推动跨越“环境高峰”；要改革创新减排思路，建立健全管理制度，拓展扩充管理范围，以硬措施应对硬挑战。

3.1 总体思路

（1）改革总量减排模式，完善总量控制制度。

进一步强化总量指标任务分解与环境质量改善目标的衔接，建立以环境质量目标为约束、“自下而上”与“自上而下”相结合、充分考虑地区差异的总量指标分解方法；进一步强化固定源的精细化和定量化管理，以建立统一公平、覆盖所有固定污染源的企业排放许可制为契机，建立企事业单位总量控制制度；进一步完善总量减排目标实施情况的评估考核体系，将总量减排指标纳入质量考核体系，并以在线监测数据为基础，推进考核工作的系统化和自动化。

（2）拓展减排领域范围，挖掘减排潜力空间。

根据各地环境质量改善需求，适当扩充减排因子，将 VOCs 纳入减排管理体系；扩展减排领域，减排的范围由工业点源、机动车线源扩展到量大面广的锅炉燃烧、农村散烧和非道路移动源等面源；拓宽减排途径，强化能源系统的源头管理，实施重点区域煤炭消费总量控制、推进清洁能源替代、提高电煤比重、强化散煤治理，深挖减排潜力。

（3）实施分类分区管理，推进差异化、精细化减排。

针对不同地区资源禀赋条件和环境污染特征，制定差异化减排政策；针对不同行业环境影响贡献和污染控制技术特点，制定差异化减排技术路线；针对不同污染物产生来源和控制基础条件，采取差异化减排管理模式；针对电力、钢铁、水泥、平板玻璃等大型点源，建立以排污许可为基础的精细化管理体系。

（4）统筹减排措施要求，实施污染协同控制。

基于环境质量改善需求，发挥协同减排效果，建立污染物协同控制体系；基于减排潜力和技术经济性，实现点源、线源与面源的协同减排，固定源与移动源的协同控制。

3.2 SO_2和NO_x减排技术路线

"十三五"期间，SO_2和NO_x总量减排重点推进以下五项工作：一是实施"提速扩围"，全力推进燃煤电厂超低排放改造，建成世界上最清洁高效的煤电体系；二是深化钢铁、水泥、平板玻璃、石化、有色、焦化等工业集中整治，确保稳定达标排放；三是加快发展热电联产和集中供热，利用城市和工业园区周边现有热电联产机组和纯凝发电机组实施供热改造，替代燃煤小锅炉；四是加大煤改气和煤改电力度，实施重点区域、重点城市大气污染传输通道气化工程，推进农村散煤治理；五是以机动车、工程机械、农业机械、船舶为重点，全面推进移动源排放控制，提高环保准入，加速黄标车、老旧机动车和船舶以及高排放工程机械、农业机械等淘汰，加快油品升级，强化在用源环保管理。

3.3 挥发性有机物减排技术路线

以大工程带动大治理，突出重点行业和重点区域，全面实施 VOCs 总量减排。

在全国层面，全面推进石化、化工、工业涂装、印刷、交通源、电子信息等行业 VOCs 排放控制。一是实施石化行业 VOCs 综合整治，采取泄漏检测与修复技术（LDAR）和末端治理等综合措施，确保实现稳定达标排放；二是针对化学原料与化学品制造、医药化工、合成纤维制造、塑料和橡胶制品制造等化工行业，实施有机废气综合整治，协同消除恶臭、有毒有害等民生环境问题；三是积极推进工业涂装、包装印刷等行业实施低 VOCs 含量原料替代，提升改进生产工艺，建设 VOCs 收集处理装置；四是强化交通源 VOCs 与 NO_x 减排协同控制，采取提高准入、加速淘汰、加强管理等综合措施削减 VOCs 排放；全面推进储油库、加油站、油罐车等油气回收治理，确保稳定达标排放；五是开展规模以上电子专用材料、电子元件制造、印制电路板、电子终端产品制造等电子信息行业 VOCs 治理。

此外，京、津、冀、鲁、江、浙、沪、粤等重点地区和全国其他地区重点城市还应强化开展建筑装饰、干洗、餐饮等生活源 VOCs 排放控制；纺织印染、木材加工、制鞋、焦化等行业集中度较高的省份开展行业 VOCs 综合整治。

第 4 章 “十三五”主要大气污染物新增量预测

科学合理预测污染物新增量是确定减排目标的基础。主要污染物新增量是指一个地区由于社会经济发展、城镇化水平提高和资源能源消耗增长等带来的污染物排放增量，是该地区社会经济发展速度和方式、资源能源消耗水平、污染治理技术、环境监管能力等情况的综合体现。各省（区、市）应依据“十三五”国民经济社会发展规划、资源能源发展规划、产业发展规划、重大产业布局等，按照严格控制增量、充分考虑技术进步和环保产业政策要求等原则，采取重点行业分行业测算与其他行业宏观测算相结合的方法，合理预测新增量。

4.1 社会经济发展主要参数预测

规划期内国内生产总值（GDP）、能源消费总量及构成是主要污染物新增量预测的基础。

4.1.1 GDP

根据基准年 GDP 和“十三五”GDP 增长率，预测“十三五”期间地区生产总值变化情况。

$$GDP_{2020} = GDP_{2015} \times \left(1 + r_{GDP}\right)^5 \quad (4\text{-}1)$$

式中：GDP_{2020} —— 2020 年本地区国内生产总值，亿元；

GDP_{2015} —— 2015 年本地区国内生产总值，亿元；

r_{GDP} —— "十三五"GDP 年均增长率，%，采用本地区"十三五"规划数据。

4.1.2 能源消费量

能源消费量预测包括能源消费总量、煤炭消费量和电力煤炭消费量等指标。有"十三五"能源发展规划的地区，直接采用规划数据；没有规划数据的，可采用以下方法进行预测。

4.1.2.1 能源消费总量

$$En_{2020} = GDP_{2020} \times E_{2015} \times \left(1 - \lambda\right)^5 \quad (4\text{-}2)$$

式中：En_{2020} —— 2020 年能源消费总量，万 t 标煤；

E_{2015} —— 2015 年单位 GDP 能耗，t 标煤/万元，采用本地区 2015 年预期值；

λ —— "十三五"期间年均单位 GDP 能耗下降比例，%，根据当地"十三五"社会经济发展规划或能源发展规划取值；没有规划数据的，参照"十二五"单位 GDP 能耗下降比例取值。

4.1.2.2 煤炭消费量

根据"十三五"期间能源消费总量与结构变化趋势，预测 2020 年煤炭消费量。其中，京、津、冀、鲁，长三角，珠三角地区严格按照《大气污染防治行动计划》和相关规划政策中关于煤炭消费总量负增长的要求予以落实。

$$M_{2020} = \mathrm{En}_{2020} \times \alpha \tag{4-3}$$

$$M_{增} = M_{2020} - M_{2015} \tag{4-4}$$

式中：M_{2020} —— 2020年煤炭消费总量，万t；

M_{2015} —— 2015年煤炭消费总量，万t；

α —— 2020年煤炭消费量占能源消费总量的比例，%，根据当地“十三五”能源发展规划取值；

$M_{增}$ —— “十三五”期间煤炭消费增量，万t。

4.1.2.3 电力煤炭消费量

根据“十三五”期间火力发电机组发电增量、供热增量和平均发电煤耗进行预测。

$$M_{电增} = D_{发电增} + D_{等效电增} \times g \times 1.4 \times 10^{-2} \tag{4-5}$$

式中：$M_{电增}$ —— “十三五”期间电力行业煤炭消费增量，万t；

$D_{发电增}$ —— “十三五”期间燃煤发电机组发电增量，亿kW·h，根据国民经济社会发展情况进行预测；

$D_{等效电增}$ —— “十三五”期间燃煤热电联产机组供热增量折算的等效发电增量，亿kW·h；

g —— 发电标准煤耗，g/(kW·h)。为简化起见，各地可按照305 g/(kW·h)取值。有条件的省份可按照新建机组（按照规划规模取值）和现役机组分别预测，新建机组发电标准煤耗可按300 g/（kW·h）、现役机组发电标准煤耗可按310 g/（kW·h）取值。

$$D_{等效电增} = H_{热增} \times 0.278 \times 0.3 \tag{4-6}$$

式中：$H_{热增}$——"十三五"期间热电联产机组供热增量，MJ，根据国民经济社会发展情况进行预测。

4.1.2.4 汽油消费量

根据基准年汽油消费量和"十三五"增长率，预测2020年汽油消费量：

$$F_{2020}=F_{2015}\times\left(1+r_F\right)^5 \quad (4\text{-}7)$$

$$F_{增}=F_{2020}-F_{2015} \quad (4\text{-}8)$$

式中：F_{2020}——2020年汽油消费量，万t；

F_{2015}——2015年汽油消费量，万t，采用本地区2015年预期值；

r_F——"十三五"汽油消费量年均增长率，%，优先采用本地区"十三五"规划数据；没有"十三五"规划数据的，采用"十二五"期间汽油消费量年均增长率；

$F_{增}$——"十三五"期间该地区汽油消费增量，万t。

4.1.2.5 天然气消费量

$$G_{2020}=G_{2015}\times\left(1+r_G\right)^5 \quad (4\text{-}9)$$

$$G_{增}=G_{2020}-G_{2015} \quad (4\text{-}10)$$

式中：G_{2020}——2020年天然气消费量，亿m^3；

G_{2015}——2015年天然气消费量，亿m^3；

r_G——"十三五"期间该地区天然气消费年均增长率，%，原则上根据"十三五"发展规划取值，没有发展规划的，根据"十二五"期间增长率及发展态势进行预测；

$G_{增}$——"十三五"期间该地区天然气消费增量，亿m^3。

4.2 SO_2新增量预测

SO_2新增量分为电力、钢铁、船舶和其他四部分进行预测。各省可结合本地实际情况在其他行业中选取排放贡献大的行业进行单独预测。各类源活动水平主要根据相关领域"十三五"发展规划取值，没有发展规划的，可根据"十二五"期间增长率及发展态势进行预测。

$$E_{SO_2} = E_{电SO_2} + E_{钢铁SO_2} + E_{船舶SO_2} + E_{其他SO_2} \quad (4\text{-}11)$$

式中：E_{SO_2} ——"十三五"期间 SO_2 新增量，万 t；

$E_{电SO_2}$ ——"十三五"期间电力行业 SO_2 新增量，万 t；

$E_{钢铁SO_2}$ ——"十三五"期间钢铁行业 SO_2 新增量，万 t；

$E_{船舶SO_2}$ ——"十三五"期间船舶 SO_2 新增量，万 t；

$E_{其他SO_2}$ ——"十三五"期间其他行业 SO_2 新增量，万 t。

4.2.1 电力行业

电力行业 SO_2 新增量采用排放绩效法进行预测。

$$E_{电SO_2} = (D_{发电增} + D_{等效电增}) \times GPS_{电SO_2} \times 10^{-2} \quad (4\text{-}12)$$

式中：$GPS_{电SO_2}$ ——燃煤机组 SO_2 排放绩效值，g/（kW·h)，原则上均按超低排放水平 0.12 g/（kW·h）取值，西南等高硫煤地区可适当放宽。

4.2.2 钢铁行业

钢铁行业 SO_2 新增量采用排放绩效法进行预测。

$$E_{钢铁SO_2} = P_{钢铁增} \times GPS_{钢铁SO_2} \times 10^{-3} \quad (4\text{-}13)$$

式中：$P_{钢铁增}$ ——"十三五"期间生铁产量的增长量，万 t，根据行业发展规划取值；

$GPS_{钢铁SO_2}$ ——吨生铁 SO_2 排放绩效值，kg/t 生铁，重点地区按 0.94 kg/t 生铁取值，一般地区按 1.02 kg/t 生铁取值。

4.2.3 船舶

船舶 SO_2 新增量采用单位船舶货物和旅客周转量排污系数法进行预测，测算公式如下：

$$E_{船舶SO_2} = \sum_{i=1}^{n} \frac{Z_{货增i} + Z_{客增i} \times 0.065}{Z_{货i,2015} + Z_{客i,2015} \times 0.065} \times \vartheta_i \times E_{i,2015船舶SO_2} \quad (4\text{-}14)$$

式中：i —— 船舶类型，包括内河船舶、沿海船舶及远洋船舶；

$Z_{货增i}$ ——"十三五"期间不同类型船舶货物周转量新增量，万 t·km，可根据"十二五"船舶货物周转量增速进行预测，见附表 1-2；

$Z_{客增i}$ ——"十三五"期间不同类型船舶旅客周转量新增量，万人·km，可根据"十二五"船舶旅客周转量增速进行预测，见附表 1-3；

$Z_{货i,2015}$ ——2015 年不同船舶类型（内河船舶、沿海船舶及远洋船舶）货物周转量，万 t·km；

$Z_{客i,2015}$ ——2015 年不同船舶类型（内河船舶、沿海船舶及远洋船舶）旅客周转量，万人·km；

ϑ_i ——与 2015 年相比，不同船舶类型（内河船舶、沿海船舶及远洋船舶）燃油经济性的变化，%；原则上取 100%，各省可根据本地实际情况选取。

$E_{i,2015船舶SO_2}$ —— 2015 年不同船舶类型（内河船舶、沿海船舶及远洋船舶）SO_2 排放量。

$$Z_{2020} = Z_{2015} \times \left(1 + r_{船}\right)^5 \quad (4\text{-}15)$$

$$Z_{增} = Z_{2020} - Z_{2015} \quad (4\text{-}16)$$

式中：Z_{2020} —— 2020 年船舶客、货周转量，万 t·km 或万人·km；

Z_{2015} —— 2015 年船舶客、货周转量，万 t·km 或万人·km，采用本地区 2015 年预期值；

$r_{船}$ —— “十三五”船舶客、货周转量增速，%，可采用“十二五”期间船舶客、货周转量年均增长率。

4.2.4 其他行业

除电力、钢铁、船舶以外，其他行业 SO_2 新增量可采用宏观方法进行预测。有条件的省份结合本地实际情况，可选择焦化、平板玻璃、有色金属、石化等行业分别进行预测。

4.2.4.1 宏观预测

SO_2 新增量可参考以下方法进行宏观预测。

$$E_{其他SO_2} = M_{其他增} \times q_{其他SO_2} \times \left(1 - k\right) \times 10^{-3} \quad (4\text{-}17)$$

$$M_{其他增} = M_{增} - M_{电增} - M_{钢铁增} \quad (4\text{-}18)$$

式中：$M_{其他增}$ —— 除电力、钢铁等行业外的其他行业煤炭消费新增量，万 t，根据 2015 年该部分煤炭消费量占全社会煤炭消费量的比例和“十三五”全社会煤炭消费增量计算；

$q_{其他SO_2}$ —— 2015 年其他行业单位煤炭消费量的 SO_2 排放强度，kg/t 煤，规划编制阶段可根据 2014 年其他行业 SO_2 排放强度和“十二五”前四年变化趋势进行推算；待 2015 年排放强度确定后，根据实际数据取值；

k——“十三五”期间其他行业 SO_2 排放强度下降比例，%，根据“十二五”排放强度下降比例计算；

$M_{钢铁增}$——“十三五”期间钢铁行业煤炭消费增量，万 t，按照每吨生铁消耗 0.2 t 煤炭量进行预测。

4.2.4.2 分行业预测

焦化、平板玻璃、有色金属、石化等行业 SO_2 新增量可参考以下方法进行预测。

（1）焦化行业。

焦化行业 SO_2 新增量，根据焦炭产量增长量和排放绩效预测。

$$E_{焦化SO_2} = P_{焦化增} \times \mathrm{GPS}_{焦化SO_2} \times 10^{-3} \tag{4-19}$$

式中：$E_{焦化SO_2}$——“十三五”期间焦化行业 SO_2 新增量，万 t；

$P_{焦化增}$——“十三五”期间焦炭产量的增长量，万 t；

$\mathrm{GPS}_{焦化SO_2}$——焦化行业 SO_2 排放绩效值，kg/t 焦炭，各地根据本地焦炉炉型构成比例核算本地排放绩效值，对于重点地区，以机焦和半焦炉为主的，按 0.09 kg/t 焦炭取值；以热回收焦炉为主的，按 0.17 kg/t 焦炭取值；对于其他地区，以机焦和半焦炉为主的，按 0.14 kg/t 焦炭取值；以热回收焦炉为主的，按 0.48 kg/t 焦炭取值。

（2）平板玻璃行业。

平板玻璃行业 SO_2 新增量，根据平板玻璃产量增长量和排放绩效预测。

$$E_{玻璃SO_2} = P_{玻璃增} \times GPS_{玻璃SO_2} \times 10^{-3} \tag{4-20}$$

式中：$E_{玻璃SO_2}$ —— "十三五"期间平板玻璃行业 SO_2 新增量，万 t；

$P_{玻璃增}$ —— "十三五"期间平板玻璃产量增长量，万重量箱；

$GPS_{玻璃SO_2}$ —— 平板玻璃行业单位产品 SO_2 排放绩效值，kg/重量箱，按 0.08 kg/重量箱取值。

（3）有色金属行业。

根据有色金属冶炼行业（重点为铜、铝、铅、锌、镍冶炼行业）产品产量的增长量和 SO_2 排放绩效，分别预测各子行业的 SO_2 新增量，加和得到有色金属行业的 SO_2 新增量。

$$E_{有色SO_2} = \sum_{i=1}^{n}(P_{i有色增} \times GPS_{i有色SO_2} \times 10^{-3}) \tag{4-21}$$

式中：$E_{有色SO_2}$ —— "十三五"期间有色行业 SO_2 新增量，万 t；

$P_{i有色增}$ —— "十三五"期间第 i 个有色金属冶炼子行业金属产量的净增长量（不包括衍生品），万 t；

$GPS_{i有色SO_2}$ —— 第 i 个有色金属冶炼子行业单位产品 SO_2 排放绩效值，kg/t 产品，取值见附表 1-4。

（4）石化行业。

石化行业 SO_2 新增量预测根据本地区石化行业原油加工量的增长量和 SO_2 排污系数预测，公式如下：

$$E_{石化SO_2} = P_{石化增} \times ef_{石化SO_2} \times (1-k) \times 10^{-3} \tag{4-22}$$

式中：$E_{石化SO_2}$ —— "十三五"期间石化行业 SO_2 新增量，万 t；

$P_{石化增}$ —— 本地区"十三五"期间石化行业净增长量，万 t；

$ef_{石化SO_2}$ —— 本地区 2015 年石化行业单位原油加工量 SO_2 排污系数，kg/t 原油，规划编制阶段可根据 2014 年石化行业 SO_2 排放强度和"十二五"前四年变化趋势进行推算；待 2015 年排放强度确定后，根据实际数据取值；

k—— "十三五"期间石化行业 SO_2 排放强度下降比例，%，按照"十二五"期间环境统计排放强度下降比例取值。

4.2.5 淘汰落后产能等量替代新增量

以上分行业新增量预测中只计算了产品产量（或原油加工量）净增长带来的 SO_2 新增量，淘汰落后产能由其他产能等量替代带来的 SO_2 排放量可按照淘汰落后产能 SO_2 削减量的 30%计算。

4.3 NO_x 新增量预测

NO_x 新增量分为电力、水泥、移动源和其他四部分进行预测。鼓励各省结合本地实际情况在其他行业中选取排放贡献大的行业进行单独预测。各类源活动水平主要根据相关领域"十三五"发展规划取值，没有发展规划的，可根据"十二五"期间增长率及发展态势进行预测。

$$E_{NO_x} = E_{电力NO_x} + E_{水泥NO_x} + E_{移动源NO_x} + E_{其他NO_x} \tag{4-23}$$

式中：E_{NO_x} —— "十三五"期间 NO_x 新增量，万 t；

$E_{电力NO_x}$ —— "十三五"期间电力行业 NO_x 新增量，万 t；

$E_{水泥NO_x}$ —— "十三五"期间水泥行业 NO_x 新增量，万 t；

$E_{移动源NO_x}$ —— "十三五"期间移动源 NO_x 新增量，万 t；

$E_{其他NO_x}$ —— "十三五"期间其他行业 NO_x 新增量，万 t。

4.3.1 电力行业

电力行业 NO_x 新增量采用单位发电量绩效法进行预测。

$$E_{电力NO_x}=(D_{发电增}+D_{等效电增})\times GPS_{NO_x}\times 10^{-2} \tag{4-24}$$

式中：GPS_{NO_x} —— “十三五”期间燃煤机组 NO_x 排放绩效值，g/（kW·h），东部地区按 0.175 g/（kW·h）取值；其他地区按 0.263 g/（kW·h）取值；燃气机组 NO_x 排放绩效值按 0.25 g/（kW·h）取值。

4.3.2 水泥行业

水泥行业 NO_x 新增量，根据水泥产量增长量和排放绩效预测。

$$E_{水泥NO_x}=P_{水泥增}\times GPS_{水泥NO_x}\times 10^{-3} \tag{4-25}$$

式中：$P_{水泥增}$ —— “十三五”期间水泥产量增长量，万 t；

$GPS_{水泥NO_x}$ —— 水泥行业 NO_x 排放绩效值，kg/t 熟料，重点地区按 0.8 kg/t 熟料取值，一般地区按 1.0 kg/t 熟料取值。

4.3.3 移动源

移动源 NO_x 新增量预测，包括机动车，工程机械、农业机械，船舶三类。机动车中的摩托车 NO_x 新增量暂按零处理。

$$E_{移动源NO_x}=E_{机动车NO_x}+E_{工程机械NO_x}+E_{农业机械NO_x}+E_{船舶NO_x} \tag{4-26}$$

式中：$E_{移动源NO_x}$ —— “十三五”期间移动源 NO_x 新增量，万 t；

$E_{机动车NO_x}$ —— “十三五”期间机动车 NO_x 新增量，万 t；

$E_{工程机械NO_x}$ —“十三五”期间工程机械 NO_x 新增量，万 t；

$E_{农业机械NO_x}$ —— “十三五”期间农业机械 NO_x 新增量，万 t；

$E_{船舶NO_x}$ —— “十三五”期间船舶 NO_x 新增量，万 t。

4.3.3.1 机动车

机动车 NO_x 新增量采用单位保有量排污系数法预测。

$$E_{机动车NO_x}=\sum_{i=1}^{n}A_{增i}\times PX_{机动车i}\times 10^{-3} \tag{4-27}$$

式中：$A_{增i}$ —— “十三五”不同类型机动车保有量的净增长量，万辆，根据“十二五”各类机动车保有量增速，分车型进行预测；

$PX_{机动车i}$ —— 不同类型机动车的 NO_x 排污系数，kg/（a·辆），2016—2017 年新增汽车的 NO_x 排污系数按照国Ⅳ阶段排放水平取值，2018—2020 年新增汽车按照国Ⅴ阶段排放水平取值，取值见附表 1-5；2016—2017 年新增低速汽车按照国Ⅱ阶段排放水平取值，2018—2020 年新增三轮汽车按照国Ⅲ阶段排放水平取值；2016—2020 年新增摩托车按照国Ⅲ阶段排放水平取值；提前实施新车排放标准的地区，根据本地进度安排进行取值。

$$A_{2020}=A_{2015}\times(1+r_{车})^5 \tag{4-28}$$

$$A_{增}=A_{2020}-A_{2015} \tag{4-29}$$

式中：A_{2020} —— 2020 年机动车保有量，万辆；

A_{2015} —— 2015 年机动车保有量，万辆，采用本地区 2015 年预期值；

$r_{车}$ —— “十三五”机动车保有量增速，%，采用“十二五”期间机动车保有量年均增长率。

4.3.3.2 工程机械

工程机械 NO_x 新增量采用单位保有量排污系数法预测：

$$E_{\text{工程机械}NO_x}=\sum_{i=1}^{n}A_{\text{工程增}i}\times G_i\times PX_{\text{工程机械}i}\times 10^{-6} \tag{4-30}$$

式中：$A_{\text{工程增}i}$ —— “十三五”期间不同类型工程机械新增量，万台，各省新增量根据全国工程机械销量预测和各省建筑业企业从业人员全国占比进行推算，见附表 1-6；

G_i —— 不同类型工程机械额定净功率，kW，取值见附表 1-7；

$PX_{\text{工程机械}i}$ —— 不同类型工程机械的 NO_x 排污系数，为负载因子与使用小时数、排放因子的乘积，g/kW，“十三五”新增工程机械的 NO_x 排污系数按照国III阶段排放水平取值。

4.3.3.3 农业机械

农业机械 NO_x 排放新增量采用单位总动力排污系数法预测（其中农用运输车参照低速汽车方法预测），预测公式如下：

$$E_{\text{农业机械}NO_x}=\sum_{i=1}^{n}D_{\text{增}i}\times PX_{\text{农业机械}i}\times 10^{-6} \tag{4-31}$$

式中：$D_{\text{增}i}$ —— “十三五”不同农业机械总动力的净增长量，万 kW，总动力为保有量与额定净功率的乘积，采用农业部门数据；其净增长量根据“十二五”农业机械总动力增速进行预测；

$PX_{\text{农业机械}i}$ —— 不同类型农业机械的 NO_x 排污系数，为负载因子与使用小时数、排放因子的乘积，g/kW，“十三五”新增农业机械的 NO_x 排污系数按照国III阶段排放水平取值，见附表 1-8。

$$D_{2020} = D_{2015} \times (1 + r_{农})^5 \quad (4\text{-}32)$$

$$D_{增} = D_{2020} - D_{2015} \quad (4\text{-}33)$$

式中：D_{2020} —— 2020 年不同农业机械总动力，万 kW；

D_{2015} —— 2015 年不同农业机械总动力，万 kW，采用本地区 2015 年预期值；

$r_{农}$ —— “十三五”不同农业机械总动力增速，%，采用“十二五”期间农业机械总动力实际年均增长率。

4.3.3.4 船舶

船舶 NO_x 排放新增量采用单位船舶货物和旅客周转量排污系数法进行预测，预测公式如下。

$$E_{船舶NO_x} = \sum_{i=1}^{n} \frac{Z_{货增i} + Z_{客增i} \times 0.065}{Z_{货i,2015} + Z_{客i,2015} \times 0.065} \times \vartheta_i \times E_{i,2015船舶NO_x} \quad (4\text{-}34)$$

式中：i —— 船舶类型，包括内河船舶、沿海船舶及远洋船舶；

$Z_{货增i}$ —— “十三五”期间不同类型船舶货物周转量新增量，万 t·km，可根据“十二五”船舶货物周转量增速进行预测，见附表 1-2；

$Z_{客增i}$ —— “十三五”期间不同类型船舶旅客周转量新增量，万人·km，可根据“十二五”船舶旅客周转量增速进行预测，见附表 1-3；

$Z_{货i,2015}$ —— 2015 年不同船舶类型（内河船舶、沿海船舶及远洋船舶）货物周转量，万 t·km；

$Z_{客i,2015}$ —— 2015 年不同船舶类型（内河船舶、沿海船舶及远洋船舶）旅客周转量，万人·km；

ϑ_i —— 与2015年相比，不同船舶类型（内河船舶、沿海船舶及远洋船舶）燃油经济性的变化，%；原则上取100%，各省可根据本地实际情况选取。

4.3.4 其他行业

除电力、水泥和移动源以外，其他行业的 NO_x 新增量可采用宏观方法进行预测。有条件的省份结合本地实际情况，可选择钢铁、焦化、平板玻璃等行业分别进行预测。

4.3.4.1 宏观预测

NO_x 新增量可参考以下方法进行宏观预测，其中涉气的其他行业 NO_x 新增量可根据除电力行业外天然气消费增量和排污绩效进行预测：

$$E_{其他NO_x}=M_{其他煤增}\times q_{其他煤NO_x}\times 10^{-3}+M_{其他气增}\times q_{其他气NO_x}\times 10^{-3} \tag{4-35}$$

式中：$M_{其他煤增}$ —— 除电力、水泥等行业外的其他行业煤炭消费新增量，万t；

$M_{其他气增}$ —— 除电力行业外的其他行业天然气消费新增量，亿 m^3；

$q_{其他煤NO_x}$ —— 2015年其他行业单位煤炭消费量的 NO_x 排放强度，kg/t煤，规划编制阶段可根据2014年其他行业 NO_x 排放强度和“十二五”前四年变化趋势进行推算；待2015年排放强度确定后，根据实际数据取值；

$q_{其他气NO_x}$ —— 2015年其他行业单位天然气消费量的 NO_x 排放强度，kg/万 m^3，参照燃气（天然气）锅炉按18.71 kg/万 m^3 取值。

4.3.4.2 分行业预测

钢铁、焦化和平板玻璃等行业 NO_x 新增量可参考以下方法进行预测：

（1）钢铁行业。

钢铁行业 NO_x 新增量，采用钢铁产量增长量和排放绩效预测。

$$E_{钢铁NO_x}=P_{钢铁增}\times GPS_{钢铁NO_x}\times 10^{-3} \tag{4-36}$$

式中：$E_{钢铁NO_x}$ ——“十三五”期间钢铁行业 NO_x 新增量，万 t；

$GPS_{钢铁NO_x}$ ——吨生铁 NO_x 排放绩效值，kg/t 生铁。按 1.78 kg/t 生铁取值。

（2）焦化行业。

焦化行业 NO_x 新增量，根据焦炭产量增长量和排放绩效预测。

$$E_{焦化NO_x}=P_{焦化增}\times GPS_{焦化NO_x}\times 10^{-3} \tag{4-37}$$

式中：$E_{焦化NO_x}$ ——“十三五”期间焦化行业 NO_x 新增量，万 t；

$GPS_{焦化NO_x}$ ——焦化行业 NO_x 排放绩效值，kg/t 焦炭，各地根据本地焦炉炉型构成比例核算本地排放绩效值，对于重点地区，以机焦和半焦炉为主的，按 0.22 kg/t 焦炭取值；以热回收焦炉为主的，按 0.61 kg/t 焦炭取值；对于其他地区，以机焦和半焦炉为主的，按 0.72 kg/t 焦炭取值；以热回收焦炉为主的，按 0.82 kg/t 焦炭取值。

（3）平板玻璃行业。

平板玻璃行业 NO_x 新增量，根据平板玻璃产量增长量和排放绩效预测。

$$E_{玻璃NO_x}=P_{玻璃增}\times GPS_{玻璃NO_x}\times 10^{-3} \tag{4-38}$$

式中：$E_{玻璃NO_x}$ ——“十三五”期间平板玻璃行业 NO_x 新增量，万 t；

$GPS_{玻璃NO_x}$ ——平板玻璃行业单位产品 NO_x 排放绩效值，kg/重量箱，按 0.14 kg/重量箱取值。

4.3.5 淘汰落后产能等量替代增量

以上分行业新增量预测中只计算了产品产量净增长带来的 NO_x 新增量，

淘汰落后产能由其他产能等量替代带来的 NO_x 排放量可按照淘汰落后产能 NO_x 削减量的 30%计算。

4.4 VOCs 新增量预测

VOCs 新增量预测按照工业源、生活源、交通源和农业源四类测算。考虑到近年来农药使用和生物质燃烧变化不大，活动数据很难获取，农业源新增量暂不测算。

4.4.1 工业源 VOCs 新增量预测

工业源 VOCs 新增量采用分行业方法进行预测，按照石化行业、化工行业、印刷行业、其他行业分别进行测算：

$$E_{工业VOCs} = E_{石化VOCs} + E_{化工VOCs} + E_{印刷VOCs} + E_{其他VOCs} \tag{4-39}$$

式中：$E_{工业VOCs}$ —— “十三五”期间工业源 VOCs 新增量，万 t；

$E_{石化VOCs}$ —— “十三五”期间石化行业 VOCs 新增量，万 t；

$E_{化工VOCs}$ —— “十三五”期间化工行业 VOCs 新增量，万 t；

$E_{印刷VOCs}$ —— “十三五”期间印刷行业 VOCs 新增量，万 t；

$E_{其他VOCs}$ —— “十三五”期间其他行业 VOCs 新增量，万 t。

4.4.1.1 石化行业

石化行业 VOCs 新增量根据石化行业纯炼油企业与炼化一体企业的原油加工量增长情况，采用排放系数法进行测算。

$$E_{石化VOCs} = E_{炼油VOCs} + E_{炼化一体VOCs} \tag{4-40}$$

$$E_{炼油VOCs} = P_{炼油增} \times ef_{炼油VOCs} \times 10^{-3} \tag{4-41}$$

$$E_{炼化一体VOCs}=P_{炼化一体增}\times ef_{炼化一体VOCs}\times 10^{-3} \quad (4\text{-}42)$$

式中：$E_{炼油VOCs}$ ——"十三五"期间石化行业纯炼油企业的 VOCs 新增量，万 t；

$E_{炼化一体VOCs}$ ——"十三五"期间石化行业炼化一体企业的 VOCs 新增量，万 t；

$P_{炼油增}$ ——"十三五"期间石化行业炼油企业原油加工量增长量，万 t；

$P_{炼化一体增}$ ——"十三五"期间石化行业炼化一体企业原油加工量增长量，万 t；

$ef_{炼油VOCs}$ ——石化行业纯炼油企业单位原油加工量的 VOCs 排放系数，为 2 kg/t；

$ef_{炼化一体VOCs}$ ——石化行业炼化一体企业单位原油加工量的 VOCs 排放系数，为 3 kg/t。

4.4.1.2 化工行业

化工行业 VOCs 新增量，主要根据化学原料及化学制品制造、医药化工、合成纤维制造、橡胶和塑料制品行业工业增加值的增长量，采用排放系数法进行测算。

$$E_{化工VOCs}=V_{化工增}\times ef_{化工VOCs}\times 10^{-4} \quad (4\text{-}43)$$

式中：$V_{化工增}$ ——"十三五"期间化学原料及化学制品制造、医药化工、合成纤维制造、橡胶和塑料制品行业工业增加值增长量，亿元；

$ef_{化工VOCs}$ ——化工行业单位工业增加值的 VOCs 排放系数，为 7.5 t/亿元。

4.4.1.3 印刷行业

印刷行业 VOCs 新增量根据印刷和记录媒介复制业工业增加值的增长量，采用排放系数法进行测算。

$$E_{印刷VOCs} = V_{印刷增} \times ef_{印刷VOCs} \times 10^{-4} \tag{4-44}$$

式中：$V_{印刷增}$ —— “十三五”期间印刷和记录媒介复制业工业增加值的增长量，亿元；

$ef_{印刷VOCs}$ —— 印刷行业单位工业增加值的VOCs排放系数，为78 t/亿元。

4.4.1.4 其他行业

工业源其他行业 VOCs 新增量采取宏观方法，根据除石化、化工、印刷行业外的其他 VOCs 主要排放工业行业的工业增加值新增量和相应排放系数进行测算。其他VOCs主要排放工业行业，包括焦化行业、通用设备制造业和专用设备制造业、木材加工和木竹藤棕草制品业、计算机通信和其他电子设备制造业、汽车制造业、家具制造业等。

$$E_{其他VOCs} = V_{其他增} \times ef_{其他VOCs} \times 10^{-4} \tag{4-45}$$

式中：$V_{其他增}$ —— “十三五”期间工业源其他行业工业增加值的增长量，亿元；

$ef_{其他VOCs}$ —— 其他行业单位工业增加值的VOCs排放系数，为25 t/亿元。

4.4.2 生活源VOCs新增量预测

生活源VOCs新增量根据城镇人口增长量，采用排放系数法进行预测。

$$E_{生活VOCs} = P_{生活增} \times ef_{生活VOCs} \times 10^{-4} \tag{4-46}$$

式中：$E_{生活VOCs}$ —— “十三五”期间生活源VOCs新增量，万t；

$P_{生活增}$ —— “十三五”期间城镇人口的增长量，万人；

$ef_{生活VOCs}$ —— 单位人口的VOCs排放系数，为20 t/万人。

4.4.3 交通源VOCs新增量预测

交通源 VOCs 新增量包含机动车、工程机械、农业机械、油品储运销四类分别进行测算。工程机械、农业机械 VOCs 新增量暂按零处理。

$$E_{移动源VOCs} = E_{机动车VOCs} + E_{油品储运销VOCs} \quad (4\text{-}47)$$

式中：$E_{移动源VOCs}$ —— “十三五”期间移动源 VOCs 新增量，万 t；

$E_{机动车VOCs}$ —— “十三五”期间机动车 VOCs 新增量，万 t；

$E_{油品储运销VOCs}$ —— “十三五”期间油品储运销 VOCs 新增量，万 t。

4.4.3.1 机动车

机动车 VOCs 新增量采用单位保有量排污系数法预测：

$$E_{机动车VOCs} = \sum_{i=1}^{n} A_{增i} \times (PX_{尾i} + PX_{蒸i}) \times 10^{-3} \quad (4\text{-}48)$$

式中：$A_{增i}$ —— “十三五”不同类型机动车保有量的净增长量，万辆，根据“十二五”各类机动车保有量增速，分车型进行预测；

$PX_{尾i}$、$PX_{蒸i}$ —— 分别为不同类型机动车尾气、蒸发 VOCs 排污系数，kg/（a·辆），2016—2017 年新增汽车的 VOCs 排放系数按照国Ⅳ阶段排放水平取值，2018—2020 年新增汽车的 VOCs 排放系数按照国Ⅴ阶段排放水平取值；2016—2017 年新增低速汽车的 VOCs 排放系数按照国Ⅱ阶段排放水平取值，2018—2020 年新增三轮汽车的 VOCs 排放系数按照国Ⅲ阶段排放水平取值；新增摩托车的 VOCs 排放系数按照国Ⅲ阶段排放水平取值，见附表 1-9、附表 1-10。

$$PX_{蒸} = \sum_{j=1}^{n} \frac{PX_{蒸j} \times M_j}{12} \times 365 \quad (4\text{-}49)$$

式中：j —— 月温度种类，1 类代表月温度≤5℃，2 类代表月温度为 5～15℃，3 类代表月温度为 15～25℃，4 类代表为月温度＞25℃；

$PX_{蒸j}$ —— j 类温度蒸发排放系数，kg/d；

M_j —— j 类温度月份数，见附表 1-11。

4.4.3.2 油品储运销行业

油品储运销包括原油储运、汽油储运销两类，储运销过程油气排放新增量依据燃油消费量变化量测算，公式如下：

$$E_{油气VOCs} = P_{油品增} \times ef_{油气VOCs} \times 10^{-3} \tag{4-50}$$

式中：$P_{油品增}$ —— “十三五”油品消费量的净增长量，万 t，根据“十二五”油品消费量增速进行预测；

$ef_{油气VOCs}$ —— 油品储运销过程油气排放系数，kg/t 燃油，原油取 5.4 kg/t 燃油，汽油取 7.7 kg/t 燃油。

第 5 章 “十三五”主要大气污染物减排途径

“十三五”减排应按照全面推进、突出重点、精细管理、多措并举的思路，逐步建立涵盖工业、交通和生活等多领域的总量减排体系，稳步拓展受控污染源的覆盖范围，并根据其污染排放特征及工作基础条件合理选择减排途径。

5.1 SO_2和NO_x减排途径

5.1.1 实施电力行业超低排放改造

2015年，我国纳入减排核算体系的全口径电力企业SO_2排放量为531万t、NO_x排放量为554万t，脱硫机组装机容量为8.9亿kW，占全国煤电总装机容量的99%；脱硝机组装机容量为8.3亿kW，占全国煤电总装机容量的92%。为落实《煤电节能减排升级与改造行动计划（2014—2020年）》要求，全国已有18个省份启动了燃煤电厂超低排放改造工作，目前已完成超低排放改造1.9亿kW，约占全国煤电装机容量的21%。“十三五”期间，要进一步推进燃煤电厂（包括公用电厂和自备电厂）升级改造，建成世界上最清洁高效的煤电体系。将燃煤电厂超低排放与节能改造作为一项国家专项行动进行安排部署，有条件的省份和企业在确保安全的前提下可“提速扩围”，实施“三个一批”工程。主要减排途径如下：

（1）结构减排。对落后产能和不符合相关强制性标准要求的淘汰一批，提高小火电机组淘汰标准，加大淘汰力度，对属于淘汰类的坚决予以淘汰。对经整改仍不符合能耗、环保、质量、安全等要求的，由地方政府予以淘汰关停。

（2）超低排放改造工程。对具备条件的机组超低排放改造一批，除西南高硫煤地区、W 型火焰锅炉和循环流化床锅炉等机组外，全国 30 万 kW 及以上燃煤机组和东部地区 10 万 kW 及以上燃煤机组实施超低排放改造。东部地区预计改造机组容量 2.9 亿 kW；到 2020 年前中西部地区改造机组容量预计 3 亿 kW。

（3）达标治理工程。对不具备条件的机组达标排放治理一批，加大执法监管力度，推动企业加大治理力度，一厂一策，逐一明确时间表和路线图，确保稳定达到排放标准，对不具备超低排放改造条件的机组中未实现稳定达标的予以限期治理，改造机组容量 1.2 亿 kW。

5.1.2　深化重点工业行业达标治理

5.1.2.1　钢铁行业

2015 年，我国纳入减排核算体系的全口径钢铁企业 SO_2 排放量约为 151 万 t，NO_x 排放量约为 551 万 t。钢铁行业排放 SO_2 的主要来源包括烧结机、球团、炼焦炉等，其中烧结、球团工序 SO_2 排放量占行业排放总量的 85%以上。2015 年，1.6 万 m^2 钢铁烧结机新增烟气脱硫设施，已脱硫烧结机面积累计达 13.8 万 m^2，占全国烧结机总面积的 88%。钢铁行业排放 NO_x 的工序主要包括焦化、烧结和轧钢工序，其中烧结工序的 NO_x 产生量较大，占到行业排放总量的 44%，排放质量浓度一般在 200～350 mg/m^3，大部分能达到排放标准要求。“十三五”期间应进一步深化钢铁行业 SO_2 治理，确保稳定达标排放，并加快烟气脱硝技术的研发和示范工程开展。主要减排途径如下：

（1）结构减排。按照相关产业政策要求，淘汰钢铁行业 90 m^2 以下烧结机、8 m^2 以下球团竖炉、400 m^3 及以下炼铁高炉（不含铸造铁企业），30 t 及以下炼钢转炉（不含铁合金转炉）及电炉（不含机械铸造电炉），10 t 及以下高合金钢电炉。

（2）SO_2 治理工程。按照相关产业政策和行业规范，未纳入淘汰计划的烧结机和球团，建设 SO_2 治理设施，确保稳定达标排放，综合脱硫效率原则不低于 70%。

（3）SO_2 管理减排。“十二五”末已安装烧结烟气脱硫设施但不能稳定达标的，通过加强管理等措施，实现稳定达标排放；现有钢铁烧结机和球团设备基本取消脱硫设施旁路。

（4）NO_x 治理工程。对于不能稳定达标排放的，采用低氮燃烧技术等措施，确保稳定达标排放。鼓励建设烧结机烟气脱硝示范工程。

5.1.2.2 建材行业

建材行业是 SO_2、NO_x 的重点排放行业。2015 年我国建材行业 SO_2 排放量约占全国总排放量的 14.5%，NO_x 排放量约占全国总排放量的 24.5%，SO_2 平均去除率为 15.9%，NO_x 平均去除率为 16.9%。其中，水泥、平板玻璃、建筑卫生陶瓷和砖瓦四个子行业主要大气污染物排放量占建材行业排放总量的 80%以上，“十三五”期间重点开展四个子行业的综合整治，确保稳定达标排放。

（1）水泥行业。

2015 年，我国纳入减排核算体系的全口径水泥行业 NO_x 排放量约为 170 万 t，约占建材行业 NO_x 排放总量的 63.9%。2015 年，2.3 亿 t 水泥熟料产能新型干法生产线新建脱硝设施，脱硝水泥熟料产能累计达 16 亿 t，占全国新型干法总产能的 92%。"十三五"期间，水泥行业应加大 NO_x 排放治理力度，主要减排途径有：

一是结构减排。按照相关产业政策要求，淘汰全部水泥立窑、干法中空窑（生产高铝水泥、硫铝酸盐水泥等特种水泥除外）以及湿法窑水泥熟料生产线。

二是 NO_x 治理工程。未安装脱硝设施的新型干法窑实施烟气脱硝改造，原则上综合脱硝效率达到 70%以上。

三是管理减排。对"十二五"末已安装脱硝设施，运行不稳定达不到排放要求的，通过加强管理等措施，提高减排能力，确保稳定达标排放。

（2）平板玻璃行业。

2015 年，我国纳入减排核算体系的全口径平板玻璃行业 SO_2 排放量 14 万 t，NO_x 排放量 29 万 t。累计到 2015 年年底，我国脱硝平板玻璃产能达 10.6 万 t/d，占全国总产能的 57%。燃料为重油、煤气产生的 SO_2 质量浓度在 1 800 mg/m^3 和 500 mg/m^3 左右，无脱硫设施的生产线 SO_2 超标排放；燃料为煤气、天然气排放的 NO_x 质量浓度在 2 500 mg/m^3，NO_x 超标排放严重。"十三五"我国应该进一步推进平板玻璃主要大气污染物治理工作，主要减排途径如下：

一是结构减排。按照相关产业政策要求，淘汰所有平拉工艺平板玻璃生产线（含格法），有序推进普通浮法玻璃生产线中落后产能淘汰。

二是 SO_2 治理工程。鼓励玻璃企业实施"煤改气""煤改电"工程，禁止掺烧高硫石油焦。未使用清洁能源的浮法玻璃生产线实施烟气脱硫，确保稳定达标排放，原则上脱硫设施的综合脱硫效率不低于 70%。

三是 NO_x 治理工程。浮法玻璃生产线实施脱硝设施改造，原则上脱硝效率不低于 60%。

四是管理减排。对“十二五”末已安装脱硫或脱硝设施，运行不稳定达不到排放要求的，通过加强管理等措施，提高减排能力，确保稳定达标排放。

（3）建筑卫生陶瓷行业。

建筑卫生陶瓷企业具有点多、面广、污染重的特点。陶瓷生产中的喷雾干燥塔、陶瓷窑是典型的热工设备，是主要的产污环节。喷雾干燥塔大多使用水煤浆作燃料，NO_x 初始排放质量浓度为 75～225 mg/m^3，排放质量浓度较高，超标排放严重，SO_2 通过简单的水洗或碱液吸收后，排放质量浓度均可控制在 75 mg/m^3 以下。陶瓷窑燃料以煤制气为主，部分使用天然气和柴油，SO_2 初始排放质量浓度较高，为 125～570 mg/m^3，采用湿法脱硫，效率在 90%以上，排放质量浓度基本可控制在 50 mg/m^3 以下，NO_x 质量浓度为 150 mg/m^3 左右。根据《陶瓷工业污染物排放标准》（GB 25464—2010）修改单要求，喷雾干燥塔、陶瓷窑的 SO_2 限值调整为 50 mg/m^3、NO_x 限值调整为 180 mg/m^3。“十三五”期间我国应开展建筑卫生行业减排工作，确保稳定达标排放，主要减排途径如下：

一是结构减排。按照相关产业政策要求，淘汰所有年产 70 万 m^2 以下中低档建筑陶瓷砖、年产 20 万件以下低档卫生陶瓷生产线，淘汰建筑卫生陶瓷土窑、倒焰窑、多孔窑、煤烧明焰隧道窑、隔焰隧道窑、匣钵装卫生陶瓷隧道窑。

二是 SO_2 治理工程。喷雾干燥塔、陶瓷窑炉安装脱硫设施，确保稳定达标，原则上脱硫效率不低于 90%。使用煤气化装置的，须采取相应治理措施，确保稳定达标排放。

三是 NO_x 治理工程。推进建筑卫生陶瓷脱硝工程建设，对不能稳定达标排放的喷雾干燥塔采取 SNCR 脱硝，确保稳定达标排放，原则上脱硝效率不低于 50%。

四是管理减排。对“十二五”末已安装脱硫设施或脱硝设施，运行不稳定达不到排放要求的，要通过加强管理等措施，提高减排能力，确保稳定达标排放。

（4）砖瓦行业。

砖瓦行业是主要的 SO_2 排放源，每年排放 SO_2 约为 120 万 t，占建材行业 SO_2 排放量的 60%，其中煤矸石制砖产量为总产量的 2.2%左右，而 SO_2 排放量约为 27 万 t，占砖瓦行业 SO_2 排放量的 23%。目前我国煤矸石制砖用量较大，窑炉尾气几乎未进行任何脱硫处理，SO_2 排放浓度较高，难以达到排放标准的要求。对于 NO_x 排放，只要焙烧温度控制合理，基本能达到排放标准要求。“十三五”我国应进一步推进煤矸石制砖行业 SO_2 的治理，主要减排途径如下：

一是结构减排。淘汰砖瓦 18 门以下轮窑以及立窑、无顶轮窑、马蹄窑等土窑。

二是 SO_2 治理工程。煤矸石砖瓦窑进行烟气脱硫，确保稳定达标排放。

5.1.2.3 石化行业

石化行业的 SO_2 排放主要来自于重油和蜡油催化裂化过程催化剂再生烟气、硫黄回收装置尾气和各种加热炉烟气。其中，重油催化裂化过程催化剂再生烟气中的 SO_2 排放量较大，是石油炼制行业 SO_2 减排的重点。我国现有催化裂化装置约 200 套，实施烟气脱硫的设施约 70 套，近一半未安装在线监测装置。按照 2017 年 7 月 1 日现有企业将执行的《石油炼制工业污染物排放标准》(GB 31570—2015),几乎全部催化裂化装置 SO_2 排放质量浓度无法达到 100 mg/m^3 的限值要求。"十三五"期间应进一步开展石化行业的大气污染物减排,主要减排途径如下:

一是结构减排。按照国家产业政策,淘汰 100 万 t/a 及以下低效低质的生产汽、煤、柴油的小炼油生产装置,土法炼油以及其他不符合国家安全、环保、质量、能耗等标准的成品油生产装置。

二是 SO_2 治理工程。催化裂化装置实施催化剂再生烟气治理,确保稳定达标排放,原则上综合脱硫效率不低于 75%。对不能稳定达标的硫黄回收尾气,改进尾气硫回收工艺,提高硫黄回收率,确保稳定达标排放。

三是 SO_2 管理减排。加强日常维护,保障硫回收工艺的持续稳定运行,提高硫黄回收率。

5.1.2.4 有色金属冶炼行业

2015 年有色金属冶炼行业 SO_2 排放量 121 万 t,NO_x 排放量 33 万 t。铜、铅、锌、镍等有色金属冶炼企业,以硫化精矿或氧化精矿为生产原料,其中硫化精矿含硫量甚至高达 30%,每年进入冶炼厂的硫量约 300 万 t,焙烧、烧结、熔炼、烟化工序是产生 SO_2 的最主要环节。有色金属冶炼企业的 SO_2 排放水平主要取决于冶炼工艺和烟气中硫的利用率,目前大多数大型冶炼厂硫的利用率可达 90%,并采用石灰石-石膏法等末端治理工艺,能保证达标排放。但仍有少数企业技术装备水平比较落后,硫的利用率较低,有些甚至直接排放,SO_2 排放浓度长期超标。"十三五"期间有色金属行业的主要减排途径如下:

一是结构减排。按照国家产业政策,淘汰铝自焙电解槽、100 kA 及以下电解铝预焙槽;密闭鼓风炉、电炉、反射炉炼原生铜工艺及设备;采用烧结锅、烧结盘、简易高炉等落后方式炼铅工艺及设备,未配套建设制酸及尾气吸收系统的烧结机炼铅工艺；采用马弗炉、马槽炉、横罐、小竖罐（单日单罐产量 8 t 以下）等进行焙烧、采用简易冷凝设施进行收尘等落后方式炼锌或生产氧化锌制品的生产工艺及设备；采用地坑炉、坩埚炉、赫氏炉等落后方式炼锑的生产工艺及设备。

二是 SO_2 治理工程。对于不能稳定达标排放的有色金属冶炼企业，加快落后生产工艺设备的更新改造；加强对原料制备和运输系统、工业窑炉进、出料系统以及制酸系统等的富余烟气收集；提高冶炼烟气的收集率，减少无组织排放；加大冶炼烟气中硫的回收利用率，SO_2 含量大于 3.5%的烟气应采取两转两吸制酸或其他方式回收烟气中的硫，低浓度烟气和制酸尾气排放超标的进行脱硫处理；规范冶炼企业废气排放口设置，取消脱硫设施旁路，所有排放口安装在线监控设备；禁止使用高硫石油焦，铝用碳素生产线必须配套烟气脱硫设施，取消现有脱硫设施烟气旁路；使用煤气化装置的，采取相应治理措施，确保稳定达标排放。

5.1.2.5 焦化行业

据相关研究估算，2015 年我国炼焦行业 SO_2 排放量约为 12 万 t，NO_x 排放量约为 41 万 t。焦化行业的 SO_2 产生环节包括装煤过程、推焦过程、焦炉烟囱、熄焦过程和粗苯管式炉；NO_x 产生环节包括焦炉烟囱和粗苯管式炉。其中，焦炉烟囱和粗苯管式炉是焦化企业 SO_2、NO_x 最主要的排放环节。根据相关研究数据，焦炉烟囱和粗苯管式炉的污染物排放情况与焦炉煤气净化效果密切相关。目前，我国绝大多数现有焦化企业无法达到《炼焦化学工业污染物排放标准》（GB 16171—2012）的要求。“十三五”期间焦化行业的主要减排途径如下：

一是结构减排。按照国家产业政策，炼焦行业淘汰土法炼焦（含改良焦炉)、兰炭(干馏煤、半焦)、炭化室高度 4.3 m 以下的小机焦(3.2 m 及以上捣固焦炉除外)。淘汰焦化行业资源利用水平、能耗、质量、环保和劳动安全达不到国家要求的落后工艺设备。

二是 SO_2 治理工程。所有炼焦炉荒煤气安装脱硫设施,H_2S 脱除效率达到 99%以上。对不能稳定达标的进行改造,提高硫黄回收率,确保稳定达标排放。

三是 NO_x 治理工程,加快炼焦炉烟气脱硝技术的研发,开展脱硝示范工程建设。

5.1.2.6 现代煤化工

现代煤化工行业主要包括煤制油、煤制烯烃、煤制天然气、煤制乙二醇、煤制二甲醚等。SO_2 排放的主要环节包括煤液化、煤气化工艺过程中产生的酸性气、硫黄回收装置尾气、火炬系统以及各生产单元在正常生产及开、停车或者事故状态下的排放。由于目前缺乏将硫回收装置用于煤化产品加工的稳定运行的经验,我国大多数煤化工企业硫黄回收装置无法持续稳定运行,生产装置开、停车或者故障等原因造成的非正常排放量远远大于正常运行状态下的排放,且超标严重。"十三五"期间现代煤化工行业的主要减排途径如下:

SO_2 治理工程。对不能稳定达标的硫黄回收尾气,改进尾气硫回收工艺,提高硫黄回收率,确保稳定达标排放。通过对煤制甲醇、煤制烯烃、煤制天然气技术升级,优化生产和治理工艺参数,降低由于生产工艺要求导致的治理措施不正常运行的频次。

5.1.2.7 燃煤锅炉

截至 2014 年年底,我国在用燃煤工业锅炉 50 万台,年消耗 5 亿 t 标煤,占全国煤炭消耗总量的 20%。燃煤工业锅炉污染物排放强度较大,年排放 SO_2、

NO_x 占全国排放总量的 10%～20%。自《大气污染防治行动计划》发布以来，燃煤锅炉的治理取得了很大的进展，但仍存在治理水平低、管理薄弱、超标排放普遍等问题。“十三五”应实施锅炉综合治理工程，主要减排途径如下：

一是结构减排。根据热电联产和集中供热规划，淘汰小型燃煤锅炉。

二是达标治理工程。除淘汰锅炉外，所有锅炉采取治理措施，确定稳定达标排放。20 t/h 以上的燃煤锅炉安装高效脱硫设施及在线监测，综合脱硫效率达到 80%以上；鼓励锅炉创新燃烧方式和建设烟气脱硝示范工程；积极推进京津冀、长三角、珠三角燃煤锅炉超低排放改造，达到燃气排放水平。

5.1.3 开展集中供热替代燃煤小锅炉

“十二五”期间，我国集中供热比例仍然较低，北方采暖地区大型城市建筑物采暖集中供热普及率平均为 65%，其中热效率高、污染排放小的热电联产在集中供热中占 50%；全国工业生产用热的 70%由热电联产机组提供。燃煤锅炉在生活取暖和工业供气等方面仍占有相当大的比重，且大部分燃煤锅炉容量小、能耗高、排放大、缺乏有效的治理管控措施，对环境空气质量影响严重。因此无论是从提高能源效率，还是从污染减排角度，大规模利用区域现有热电联产机组、纯凝气发电机组对供热燃煤锅炉进行替代，都是解决当前区域低矮面源污染行之有效的措施。“十三五”期间我国应积极推进热电联产、集中供热替代燃煤小锅炉，主要减排途径如下：

集中供热替代工程。对城市和工业园区周边具备供热改造条件且运行未满 15 年的在役纯凝气发电机组采用打孔抽汽、低真空供热、循环水余热利用等成熟适用技术实施供热改造；加大现有热电联产机组能力挖潜，鼓励具备条件的机组改造为背压式热电联产机组；淘汰管网覆盖范围内的燃煤小锅炉和小热电联产机组。2020 年，全国工业园区基本实现集中供热；北方大中型以上城市集中供热率达到75%以上，20万人口以上县城热电联产全覆盖。

5.1.4 推进能源清洁化利用

大力发展可再生能源，推进实施煤改气、散煤清洁化治理等重点工程，推进能源结构调整和升级。

5.1.4.1 大力实施煤改气工程

"十二五"期间，一些城市结合城中村、城乡接合部、棚户区改造、清洁能源替代效果显著。北京、天津、乌鲁木齐、兰州和太原等城市实施煤改气，替代燃煤锅炉4 000多台，减少耗煤量950万t，城市空气质量大幅度改善。但整体而言，我国天然气消耗量第一个"2 000亿m^3"主要用于居民生活、工业和发电，没有实现"增气减煤"联动。"十三五"期间，要抓住第二个"2 000亿m^3"的契机，落实"大气十条"要求，推进煤改气、煤改电等清洁能源替代进度，主要减排途径如下：

煤改气工程。针对重点区域大气污染传输通道，集中利用优质资源、精准发力，实施天然气替代煤炭气化工程，确保"增气减煤"统筹联动，实施京津冀、长三角、珠三角等重点区域、重点城市"煤改气"工程，建设完善天然气输送管道、城市燃气管网、天然气储气库、城市调峰站储气罐等基础工程，大规模淘汰燃煤采暖锅炉、工业锅炉和工业窑炉。

5.1.4.2 加大散煤清洁化治理力度

散煤主要指炊事、取暖等非工业用途的煤炭。在我国，散煤数量在燃煤消费总量中占比虽然不大，但由于煤质差、燃烧效率低、超低空排放、无烟气净化装置等，对环境空气质量影响严重。尤其在我国北方农村取暖季，散煤消耗数量较大，据统计河北等地农村每户每年用煤 3 t 左右。这些劣质散煤燃烧污染严重，形成农村包围城市的局面。“十三五”期间应全面加大散煤治理力度，主要减排途径如下：

一是减煤工程。扩大城市高污染燃料禁燃区范围，逐步由城市建成区扩展到近郊。结合城中村、城乡接合部、棚户区改造，通过政策补偿和实施峰谷电价、季节性电价、阶梯电价、调峰电价等措施，逐步推行以天然气或电替代煤炭。北方地区地级及以上城市建成区基本取消散煤使用。

二是换煤工程。对于暂不具备改清洁燃料的地区，通过落实优质煤源、建设洁净煤配送中心、推广先进民用炉具、制定标准、加强监管等措施，基本建立以县（区）为单位的全密闭配煤中心、覆盖所有乡镇村的洁净煤供应网络，使优质低硫低灰散煤、洁净型煤在民用燃煤中的使用比例达到 80%以上。

5.1.5 持续推进移动源大气污染综合治理

截至 2015 年年底，全国机动车保有量 2.8 亿辆，工程机械保有量 691 万台，农业机械柴油发动机总动力 9.0 亿 kW，运输船舶 16.6 万艘，NO_x 排放量分别为 585 万 t、206 万 t、210 万 t、121 万 t，占 NO_x 排放总量的 24%、9%、9%、5%。“十二五”以来，我国已实施国Ⅳ阶段机动车排放标准，新车单车排放比国Ⅰ前车下降了 75%以上；淘汰黄标车及老旧车 1 150 余万辆，黄标车占汽车的保有比例由 20%下降到 12%；全国范围内基本供应国Ⅳ车用汽柴油。然而，我国机动车及非道路移动源保有量增长迅速，汽车保有量年均增长 15%，工程机械年均增长 10%，农业机械柴油总动力年均增长 5%，船舶内河及沿海货物周转量年均增长 7%，移动源 NO_x 排放大；同时，未将非道路移动源纳入总量减排范畴，与机动车源相比，非道路移动机械排放控制远远滞后，船舶排放标准仍处于空白，减排潜力大。“十三五”期间将进一步深化机动车总量减排，推进非道路移动源防治，具体途径如下：

一是提标工程。自2018年1月1日起，对新生产的微轻型汽油车、微轻型柴油车、中重型柴油车在全国实施国Ⅴ阶段污染物排放标准；自2010年7月1日起，对新生产的轻型汽车实施6a阶段排放标准；自2018年7月1日起，对新生产的普通摩托车、轻便摩托车在全国实施国Ⅳ阶段污染物排放标准；自2017年1月1日起，对新生产的三轮汽车在全国实施国Ⅲ阶段污染物排放标准，对新生产的低速货车执行与轻型柴油车同等污染物排放标准；自2015年10月1日起，对新生产的工程机械、农业机械等非道路移动机械用柴油机执行国Ⅲ阶段污染物排放标准；自2018年1月1日起，对新生产的船舶发动机在全国实施国Ⅰ阶段污染物排放标准。鼓励有条件的地区对新生产微轻型汽油车、微轻型柴油车、中重型柴油车提前实施国Ⅵ阶段污染物排放标准，对新生产船舶提前实施国Ⅱ阶段污染物排放标准。

二是机动车、移动机械和船舶淘汰工程。按照国家规划要求，到2017年年底基本淘汰全国范围的黄标车；加大老旧车船淘汰力度，严格依据机动车强制报废标准和老旧运输船舶管理规定，淘汰到期的老旧汽车和船舶，通过经济补偿等方式，鼓励和支持高排放机动车船和老旧工程机械、农用机械等非道路移动机械提前报废。

三是油品升级工程。自2016年1月1日起，东部地区11个省市（北京、天津、河北、辽宁、上海、江苏、浙江、福建、山东、广东和海南）全面供应符合国Ⅴ标准的车用汽油（含E10乙醇汽油）、车用柴油（含B5生物柴油）；自2017年1月1日起，全国全面供应符合国Ⅴ标准的车用汽油（含E10乙醇汽油）、车用柴油（含B5生物柴油）；自2019年1月1日起，全国全面供应符合国Ⅵ标准的车用汽油（含E10乙醇汽油）、车用柴油（含B5生物柴油）。自2016年1月1日起，在东部地区重点城市供应国Ⅳ标准普通柴油；自2017

年7月1日起，全国全面供应国Ⅳ标准普通柴油；自2018年1月1日起，全国全面供应国Ⅴ标准普通柴油。2020年，全国实现车用柴油、普通柴油、内河和江海直达船舶用油并轨。加快船用燃料油强制性标准制定与实施。自2017年1月1日起，船舶在排放控制区内的核心港口区域靠岸停泊期间（靠港后的1 h和离港前的1 h除外，下同）应使用含硫质量分数≤0.5%的燃油；自2018年1月1日起，船舶在排放控制区内所有港口靠岸停泊期间应使用含硫质量分数≤0.5%的燃油；自2019年1月1日起，船舶进入排放控制区应使用含硫质量分数≤0.5%的燃油。

四是岸电工程。新建码头配套建设岸电设施，现有码头逐步改造增加岸电设施，京、津、冀、鲁、江、浙、沪、粤等重点区域内重点港口完成码头岸电设施建设，靠港船舶优先使用岸电。

5.2 VOCs减排途径

5.2.1 实施石化行业VOCs排放达标改造

石化行业是指石油炼制、石油化工行业。2015年石化行业VOCs排放量约为224万t，占全国人为源VOCs排放总量的8.9%。石化行业VOCs排放源主要包括设备与管线组件泄漏、储罐挥发、装卸过程逸散、废水处理过程逸散、工艺尾气排放等，上述五类排放源VOCs排放量约占石化行业VOCs排放总量的80%。“十三五”期间，石化企业VOCs减排重点是推进设备与管线组件泄漏检测与修复、有机液体储罐挥发、有机液体装卸逸散、废水处理逸散的治理，含延迟焦化生产工序和生产精对苯二甲酸（PTA）、环氧乙烷等化工产品的石化企业还要开展工艺尾气VOCs排放治理，确保稳定达标排放，VOCs综合去除效率达到70%以上。主要减排途径如下：

一是 VOCs 排放达标改造工程。对于设备与管线组件，全面推行泄漏检测与修复技术；对于有机液体储罐，采用压力罐、低温罐、高效密封的浮顶罐或安装顶空联通置换油气回收装置的拱顶罐；对于有机液体装卸，采取全密闭、液下装载等方式，采用具备油气回收接口的车船；对于废水处理，在逸散 VOCs 和产生异味的环节加盖密闭，安装有机废气收集与治理设施；对生产过程中有组织排放的工艺尾气，采用气柜回收利用，同时采取焚烧等方式予以处理。

二是结构减排。按照国家产业政策，淘汰 100 万 t/a 及以下低效低质的生产汽、煤、柴油的小炼油生产装置、土法炼油以及其他不符合国家安全、环保、质量、能耗等标准的成品油生产装置。

5.2.2 强化化工行业 VOCs 综合治理

化工行业主要包括化学原料与化学品制造、医药化工、合成纤维制造、塑料和橡胶制品制造等行业。2015 年化工行业 VOCs 排放量约为 246 万 t，占全国人为源 VOCs 排放总量的 9.8%。不同化工行业 VOCs 排放的主要环节各异，多数化工行业的异味主要来源于 VOCs 排放。"十三五"期间，化工行业所有企业均应实施 VOCs 综合治理，VOCs 综合去除效率达到 70%以上。具体减排途径除参考石化行业要求外，还应采取如下主要措施：

一是推进源头控制，减少高 VOCs 含量原辅材料的使用。

二是强化过程控制。推广采用先进的干燥、固液分离及真空设备，淘汰落后生产工艺及设备；推广采用连续化、自动化、密闭化生产工艺替代间歇式、敞开式生产工艺，减少物料与外界接触频率；加强非正常工况的过程控制，采取停工退料等措施，防止检修时残余物料造成环境污染。

三是深化末端治理。在各行业主要排放环节安装集气罩或密闭式负压收集装置，有效收集的废气应采取回收或焚烧方式进行末端治理。加强化工厂区外有机化工物料储运管理，参照石化行业执行。

四是加大落后产能淘汰。依据产业结构调整要求，淘汰污染严重的小型化工企业，有条件的地方应根据减排需求提高淘汰标准。

5.2.3 推进工业涂装 VOCs 综合整治

工业涂装主要涉及汽车、船舶、集装箱、家具、工程机械、钢结构、卷材制造等重点行业（以下简称工业涂装七大重点行业）的表面涂装工序。2015年工业涂装 VOCs 排放量约为 224 万 t，占全国人为源 VOCs 排放总量的 8.9%。工业涂装排放 VOCs 的主要环节包括喷漆、流平、烘干等工序。“十三五”期间，工业涂装 VOCs 减排重点是推进低 VOCs 含量涂料替代、涂装工艺与设备改进及喷漆、流平、烘干等环节有机废气的收集与治理。工业涂装七大重点行业所有企业均应开展 VOCs 综合整治，其中汽车、集装箱制造行业的 VOCs 综合去除效率达到 80%以上，卷材制造行业达到 70%以上，家具制造行业达到 60%以上，工程机械、船舶、钢结构制造行业达到 40%以上。主要减排途径如下：

一是低 VOCs 含量涂料替代工程。在汽车、集装箱、工程机械、钢结构制造行业，推广使用水性、高固体份涂料；在船舶制造行业，压载舱涂装推广使用高固体份涂料，机舱和生活舱涂装推广使用水性涂料；在家具制造行业，推广使用水性、紫外光固化、粉末涂料。

二是涂装工艺与设备改进工程。汽车制造行业推广使用 3C1B、2C1B 等紧凑型涂装工艺，采用内外板全自动静电喷涂技术；船舶、钢结构、工程机械制造行业，推广使用高压无气喷涂、空气辅助无气喷涂技术；集装箱底漆、卷材行业推广使用全自动辊涂技术；平面板式家具制造推广使用自动喷涂和辊涂。

三是 VOCs 收集与治理工程。喷漆室、流平室和烘干室原则上建成完全封闭的围护结构体，配备高效有机废气收集系统，采取回收或焚烧方式进行末端治理。

四是结构减排。依据产业结构调整要求，淘汰污染严重的小型家具、钢结构等企业，有条件的地方应根据减排需求提高淘汰标准。

5.2.4 开展印刷行业 VOCs 综合整治

印刷行业主要包括包装印刷、出版物印刷和其他印刷等。2015 年印刷行业 VOCs 排放量约为 96 万 t，约占全国人为源 VOCs 排放总量的 3.84%，其中包装印刷排放贡献率约为 80%。印刷行业排放 VOCs 的主要环节包括印刷、复合、涂布和清洗等。“十三五”期间，包装印刷企业 VOCs 减排重点推进印刷、复合、涂布环节 VOCs 排放控制工作，VOCs 综合去除效率达到 70%以上；出版物印刷企业应重点推进印刷、胶订、覆膜环节 VOCs 排放控制工作，综合去除效率达到 30%以上。主要减排途径如下：

一是低 VOCs 含量原辅料替代和生产工艺改进工程。印刷环节应采用符合环境标志产品技术要求的油墨，鼓励使用水性油墨、光固化油墨、电子束固化油墨；复合环节重点推广应用无溶剂复合，鼓励使用挤出复合、水性胶复合、光固化胶复合等环境友好型复合技术；涂布环节推广使用水性胶涂布、光固化涂布；胶订环节采用符合环境标志产品技术要求的热熔胶或聚氨酯胶；覆膜环节推广使用水性胶。提倡使用柔版印刷、胶版印刷等低 VOCs 排放的印刷方式。

二是 VOCs 收集与治理工程。在印刷、复合、涂布等环节，配备高效有机废气收集系统，采取回收或焚烧方式进行末端治理。

三是结构减排。依据产业结构调整要求，淘汰污染严重的小型印刷企业，有条件的地方应根据减排需求提高淘汰标准。

5.2.5 深入推进油品储运销油气回收治理

油品储运销过程的 VOCs 排放分为原油储运、汽油储运销两类。原油储运过程的 VOCs 排放包括储存损失（原油中转站、油库等储存设施呼吸损失和收发油损失等）、运输损失（管道、铁路油罐车、汽车油罐车、油船运输等）。汽油储运销过程的 VOCs 排放包括储存损失、运输损失、销售损失（加油站加卸油、埋地罐呼吸和排空等）。截至 2015 年，汽油消费量 1.0 亿 t，加油站 10 万个，油罐车 2 万辆，储油库 2 000 座，油气回收改造比例 62%，汽油储运销油气挥发排放约为 60 万 t，占 VOCs 排放总量的 1.9%。“十三五”期间，油品储运销的 VOCs 减排要求如下：

一是油气回收改造工程。严格按照排放标准要求，加快完成加油站、储油库、油罐车油气回收治理工作，重点地区全面推进行政区域内所有加油站油气回收治理。重点地区逐步推进港口储存和装卸、油品装船油气回收治理任务。在环渤海、长江干线、长三角、东南沿海等地区遴选原油或成品油码头及船舶作为试点，总结建设和操作经验。试点工程成功后，依据码头回收油品的处置政策方案及修订后的储油库和汽油运输大气污染物排放标准，制订推广计划，完成码头油气回收规划研究，在全国开展码头油气回收工作。新建的原油、汽油、石脑油等装船作业码头应全部安装油气回收设施；已建原油成品油装船码头分区域分阶段实施油气回收系统改造，环渤海、长三角、珠三角等区域率先实施。新造油船逐步具备码头油气回收条件，自 2020 年 1 月 1 日起，建造的 150 总吨以上的油船应具备码头油气回收条件，环渤海、长三角、珠三角等区域油船率先具备油气回收条件。

二是强化管理减排。对已安装油气回收设施的加油站、储油库、油罐车全面加强运行监管，油气回收率由目前估算的30%左右提高到90%以上。建设油气回收自动监测系统平台，储油库和年销售汽油量大于5 000 t的加油站加快安装油气回收自动监测设备。制定加油站、储油库油气回收自动监测系统技术规范，企业要加强对油气回收系统外观检测和仪器检测，确保油气回收系统正常运转。

5.2.6 推进移动源VOCs综合治理

移动源VOCs排放主要来自机动车，包括尾气排放和蒸发排放。2015年，我国机动车保有量2.8亿辆，VOCs排放量550万t左右，约占全国VOCs排放总量的18%。“十二五”以来，全国已实施第四阶段汽车、第三阶段摩托车排放标准，单车尾气排放下降了75%以上；汽车和摩托车已基本安装碳罐系统，蒸发排放下降了50%以上；淘汰黄标车及老旧车1 150余辆，黄标车占汽车的保有比例由20%下降到12%。然而，我国目前机动车仍以8%的速度快速增长，机动车VOCs排放大。“十三五”期间，全面加强机动车VOCs污染治理：

一是新车提标工程。自2017年1月1日起，全国实施轻型汽油车国Ⅴ阶段排放标准；自2020年7月1日起，全国实施轻型汽车国Ⅵ阶段排放标准，引入车载油气回收技术（ORVR）；自2018年7月1日起，对新生产的普通摩托车、轻便摩托车全国实施国Ⅳ阶段污染物排放标准。鼓励各地提前实施轻型汽车第六阶段排放标准。

二是黄标车和老旧机动车淘汰工程。按照国家规划要求，到2017年年底基本淘汰全国范围的黄标车；加大老旧机动车淘汰力度，严格依据机动车强制报废标准和老旧运输船舶管理规定，淘汰到期的老旧轻型汽车和摩托车。

三是管理减排。将蒸发排放泄漏检测纳入在用车检测范围。重点地区推行在用车蒸发排放泄漏检测，鼓励有条件的其他地区实施在用车蒸发排放泄漏检测。

5.2.7 推动其他行业 VOCs 综合治理

各地要根据本地产业特点和 VOCs 排放特征，选择其他一些重点行业开展 VOCs 治理工作，如煤化工、电子信息、制鞋、纺织印染、木材加工、建筑装饰、干洗、餐饮等。

现代煤化工行业要参照石化行业要求全面推进 VOCs 治理。

电子信息行业主要包括电子专用材料、电子元件、印制电路板、半导体器件、显示器件、电子终端产品制造等。2015 年电子信息行业 VOCs 排放量约为 51 万 t，占全国人为源 VOCs 排放总量的 1.6%。“十三五”期间，针对溶剂清洗、光刻、涂胶、涂装等工序，开展电子专用材料、电子元件制造、印制电路板、电子终端产品制造等 VOCs 治理。

此外，纺织印染、木材加工、制鞋、焦化等行业集中度较高的省份开展行业 VOCs 综合整治。京、津、冀、鲁、江、浙、沪、粤等重点地区和全国其他地区重点城市因地制宜地开展建筑装饰、干洗、餐饮等生活源 VOCs 排放控制工作。

第6章 “十三五”主要大气污染物减排项目和减排量测算

建立科学的减排量测算方法是在规划层面评估减排目标是否实现及模拟减排环境效应的基础，也是把减排管理逐步推向精细化和定量化的重要支撑。各省（区、市）应根据本省的污染源结构特征，筛选减排项目和制定减排清单，科学合理地测算削减量。

6.1 SO_2 的减排项目和削减量

6.1.1 电力行业

6.1.1.1 超低排放改造工程

全面系统梳理本地区内各电厂相关情况，提出具备超低排放改造机组名单，按照 2015 年排放基数与改造后的排放量差值计算 SO_2 削减量，计算公式如下。

$$R_{改造} = E_0 - E_{改造后} \quad (6\text{-}1)$$

式中：$R_{改造}$ —— SO_2 削减量，t/a；

E_0 —— 2015 年 SO_2 排放量，t；

$E_{改造后}$ —— 实施超低排放改造后的 SO_2 排放量，t，按照超低排放绩效进行测算。

$$E_{改造后}=\left(\text{CAP}_{电}\times 5\,500+\frac{D}{1\,000}\right)\times \text{GPS}_{电}\times 10^{-3} \quad (6\text{-}2)$$

式中：$\text{CAP}_{电}$ —— 机组装机容量，MW；

$\text{GPS}_{电}$ —— 机组允许的排放绩效值，g/（kW·h），见附表 1-12；

D —— 机组供热量折算的等效发电量，kW·h。

热电联产机组的供热部分折算成发电量，用等效发电量表示。计算公式为

$$D=H\times 0.278\times 0.3 \quad (6\text{-}3)$$

式中：H —— 机组的设计供热能力，MJ。

6.1.1.2 达标治理工程

结合达标情况提出本地区内煤电机组脱硫设施达标改造名单，按照 2015 年排放基数与达标后的排放量差值计算 SO_2 削减量，计算公式同式（6-1）。煤电机组达标排放改造后主要污染物排放绩效值见附表 1-13。

6.1.2 重点工业行业

6.1.2.1 钢铁行业

（1）烧结（球团）新建烟气脱硫设施。

钢铁烧结机（球团）新建烟气脱硫设施，根据该设备的 SO_2 排放基数与脱硫工程的综合脱硫效率计算 SO_2 削减量，计算公式如下，综合脱硫效率按

照 70%取值。

$$R_{脱硫工程}=E_0\times\eta \tag{6-4}$$

式中：$R_{脱硫工程}$ —— 新建脱硫设施的 SO_2 削减量，t/a；

E_0 —— 该设备 2015 年的 SO_2 排放基数，t；

η —— 新建脱硫设施的综合脱硫效率，%。

（2）已投运脱硫设施改造工程。

全面分析地区内所有钢铁烧结烟气脱硫设施的脱硫效率、投运率、处理烟气量，结合达标情况提出技改名单，按照改造后提高的综合脱硫效率计算 SO_2 削减量，计算公式如下。

$$R_{改造工程}=E_0/(1-\eta_0)\times(\eta_1-\eta_0) \tag{6-5}$$

式中：$R_{改造工程}$ —— 已投运脱硫设施改造工程的 SO_2 削减量，t/a；

E_0 —— 该设备 2015 年的 SO_2 排放基数，t；

η_0 —— 2015 年的综合脱硫效率，%；

η_1 —— 改造后的综合脱硫效率，%。

6.1.2.2 建材窑炉

浮法玻璃生产线、建筑陶瓷窑炉、煤矸石砖瓦窑安装烟气脱硫设施，按照该设备的 SO_2 排放基数与脱硫工程的综合脱硫效率计算 SO_2 削减量［式(6-4)］，综合脱硫效率分别按照 70%、90%和 60%取值。

6.1.2.3 石化行业

（1）催化裂化装置催化剂再生烟气脱硫工程。

催化剂再生工艺安装烟气脱硫设施，SO_2 削减量根据该工艺的 SO_2 排放基数与脱硫工程的综合脱硫效率计算，计算公式同式（6-4），综合脱硫效率按照75%取值。

（2）硫黄回收工程。

改进尾气硫回收工艺、提高硫黄回收率，按照改造后提高的污染物综合去除效率计算SO_2削减量，计算公式同式（6-5）。

6.1.2.4 有色金属行业

有色金属冶炼行业制酸尾气治理工程，按照该设备的SO_2排放基数与脱硫工程的综合脱硫效率计算SO_2削减量，计算公式同式（6-4），综合脱硫效率按照75%取值。

制酸设施通过工艺改造提高SO_2吸收率，增加的SO_2削减量参照式（6-5）进行计算。

6.1.2.5 焦化行业

炼焦炉荒煤气脱硫，根据焦炉的SO_2排放基数与脱硫工程的H_2S脱除效率计算SO_2削减量，计算公式同式（6-4），H_2S脱除效率按照99%取值。

脱硫设施通过工艺改造提高H_2S去除率，增加的SO_2削减量参照式（6-5）进行计算。

6.1.2.6 现代煤化工

改进尾气硫回收工艺，提高硫黄回收率，按照改造后提高的污染物综合去除效率计算SO_2削减量，计算公式同式（6-5）。

6.1.2.7 燃煤锅炉

结合达标情况估算本地区内需要实施达标改造的锅炉总规模，按照2015

年排放基数与达标后的排放量差值计算 SO_2 削减量，计算公式如下。

$$R_{改造} = E_0 - E_{改造后} \tag{6-6}$$

$$E_{改造后} = \mathrm{CAP}_{锅炉} \times \mathrm{GPS}_{锅炉} \times H \times 10^{-3} \tag{6-7}$$

式中：$\mathrm{CAP}_{锅炉}$ —— 锅炉的总容量，t/h；

$\mathrm{GPS}_{锅炉}$ —— 锅炉允许的排放绩效值，kg/（t·h），各地根据附表 1-14 选取地区平均值；

H —— 年平均运行小时数，各地根据实际情况取值。

6.1.3 集中供热替代工程

集中供热替代小锅炉的 SO_2 削减量，根据替代的锅炉煤炭消耗量、替代前后脱硫效率差与地区煤炭平均硫分等情况计算。计算公式如下。

$$R_{集中供热替代} = M_{替代} \times S \times (\eta_1 - \eta_0) \times 1.7 \times 10^4 \tag{6-8}$$

式中：$R_{集中供热替代}$ —— 集中供热替代工程减排量，t；

$M_{替代}$ —— 替代锅炉煤炭消耗量，万 t；

S —— 替代煤炭平均硫分，%，按照当地电煤平均硫分计；

η_1 —— 集中供热设施平均脱硫效率，%，按照地方电厂平均脱硫效率取值；

η_0 —— 替代前锅炉的平均脱硫效率，%，按照地方锅炉平均脱硫效率取值。

6.1.4 能源清洁化利用

6.1.4.1 清洁能源改造工程

燃煤锅炉、工业窑炉等改用天然气、电等清洁能源的，SO_2 削减量按照该

设备的 SO_2 排放基数计算，对于平板玻璃、建筑陶瓷等工业过程中排放 SO_2 的行业，SO_2 削减量等于排放基数与工艺过程排放量之差。

$$R_{清洁能源} = E_0 \tag{6-9}$$

式中：$R_{清洁能源}$ —— 清洁能源改造工程的 SO_2 削减量，t/a；

E_0 —— 实施煤改气的生产设施 2015 年 SO_2 排放量，t。

6.1.4.2 散煤清洁化替代工程

用洁净煤、型煤等替代劣质散煤的，SO_2 削减量根据替代煤量、替代前劣质散煤与洁净煤硫分等情况计算。计算公式为

$$R_{散煤替代} = M_{替代} \times (S_{原} - S_{洁}) \times 0.8 \times 10^4 \tag{6-10}$$

式中：$R_{散煤替代}$ —— 散煤清洁化替代工程减排量，t；

$M_{替代}$ —— 洁净煤、型煤替代量，万 t；

$S_{原}$ —— 替代前散煤硫分，%，按照当地电煤平均硫分计；

$S_{洁}$ —— 替代后洁净煤硫分，%，按照地方散煤硫分标准。

6.1.5 船舶二氧化硫治理工程

6.1.5.1 油品升级工程

使用优质燃油更换现有普通柴油、船用燃料油的，SO_2 削减量根据 2015 年排放基数、“十三五”新增排放量与燃油更换前后硫含量变化量进行计算。计算公式如下。

$$R_{船舶油品替代} = \sum_{i=1}^{n}(E_{0,i} + E_{增,i}) \times \frac{S_{变,i}}{S_{0,i}} \tag{6-11}$$

式中：$R_{船舶油品替代}$ —— 船舶燃用油品升级 SO_2 减排量，t；

i —— 船舶类型，包括内河船舶、沿海船舶及远洋船舶；

$E_{0,i}$ —— 2015 年不同船舶类型（内河船舶、沿海船舶及远洋船舶）船舶 SO_2 排放量，t；

$E_{增,i}$ —— “十三五”不同船舶类型（内河船舶、沿海船舶及远洋船舶）船舶 SO_2 新增排放量，t；

$S_{0,i}$ —— 2015 年不同船舶类型（内河船舶、沿海船舶及远洋船舶）燃油硫含量变化量，kg/t 燃料，燃油硫含量变化量根据当地实际情况取值，若无数据的，可根据油品标准取值；

$S_{变,i}$ —— 不同类型船舶燃油硫含量变化量，kg/t 燃料。

6.1.5.2 岸电工程

靠港船舶使用岸电的，SO_2 削减量根据 2015 年排放基数、“十三五”新增排放量与使用岸电前后燃油消费量下降比例进行计算。计算公式如下。

$$R_{船舶岸电} = \eta \times (E_0 + E_{增}) \tag{6-12}$$

式中：$R_{船舶岸电}$ —— 靠港船舶使用岸电 SO_2 减排量，t；

η —— 因使用岸电导致的单船年燃油消费量下降比例，%，根据当地实际情况取值，如无数据，取 6%；

E_0 —— 2015 年船舶 SO_2 排放量，t；

$E_{增}$ —— “十三五”船舶 SO_2 新增排放量，t。

6.2 NO_x的减排项目和削减量

6.2.1 电力行业

6.2.1.1 电力超低排放改造工程

全面系统梳理本地区内各电厂相关情况，提出具备超低排放改造机组名单，按照2015年排放基数与改造后的排放量差值计算NO_x削减量，计算公式同式（6-1）。

6.2.1.2 电力达标排放改造工程

结合达标情况提出本地区内煤电机组脱硝设施达标改造名单，按照2015年排放基数与达标后的排放量差值计算NO_x削减量，计算公式同式（6-1）。

6.2.2 重点工业行业

6.2.2.1 钢铁行业

根据该烧结机的NO_x排放基数与NO_x治理工程的污染物去除效率计算削减量，计算公式如下，低氮燃烧NO_x去除效率按照30%取值。

$$R_{低氮及脱销工程} = E_0 \times \eta_1 + E_0 \times (1-\eta_1) \times \eta_2 \qquad (6\text{-}13)$$

式中：$R_{低氮及脱销工程}$ —— 实施低氮燃烧改造及烟气脱硝设施的NO_x削减量，t/a；

η_1 —— 低氮燃烧NO_x去除率，%；

η_2 —— 综合脱硝效率，%。

6.2.2.2 建材行业

（1）水泥行业低氮燃烧改造及脱硝工程。

根据水泥窑炉的 NO_x 排放基数和 NO_x 治理工程的去除效率计算削减量，计算公式同式（6-4），LNB+SNCR 的 NO_x 去除效率按照 70%取值。

（2）玻璃行业脱硝工程。

根据玻璃窑炉的 NO_x 排放基数和 NO_x 治理工程去除效率计算削减量，计算公式同式（6-4），脱硝效率按 60%取值。

（3）陶瓷行业脱硝工程。

根据喷雾干燥塔的 NO_x 排放基数和 NO_x 治理工程去除效率计算削减量，计算公式同式（6-4），脱硝效率按 50%取值。

6.2.2.3 焦化行业

根据炼焦炉的 NO_x 排放基数和 NO_x 治理工程去除效率计算削减量，计算公式同式（6-4），脱硝效率按 30%取值。

6.2.2.4 燃煤锅炉

结合达标情况估算地区内需要实施达标改造的锅炉总规模，按照 2015 年排放基数与达标后的排放量差值计算 NO_x 削减量，计算公式同式（6-6）。

6.2.3 集中供热替代工程

集中供热替代小锅炉的 NO_x 削减量，根据替代的锅炉 NO_x 排放基数及集中供热设施 NO_x 去除率计算。计算公式如下。

$$R_{集中供热替代} = E_0 \times \eta \tag{6-14}$$

式中：$R_{集中供热替代}$ —— 集中供热替代工程 NO_x 减排量，t；

E_0 —— 集中供热替代锅炉 2015 年 NO_x 排放基数，t；

η —— 集中供热设施 NO_x 去除率，%，按照地方电厂 NO_x 平均去除率取值。

6.2.4 清洁能源改造

燃煤锅炉、工业窑炉等改用天然气等清洁能源的，NO_x 削减量按照该设备的 NO_x 排放基数计算。计算公式为

$$R_{清洁能源} = E_0 \tag{6-15}$$

式中：$R_{清洁能源}$ —— 清洁能源改造工程的 NO_x 削减量，t；

E_0 —— 实施煤改气的生产设施 2015 年 NO_x 排放量，t。

6.2.5 移动源 NO_x 治理工程

6.2.5.1 机动车、非道路移动机械、船舶淘汰工程

（1）机动车。

机动车淘汰新增 NO_x 削减量，根据该车辆在 2015 年的排放量进行计算。计算公式如下。

$$R_{机动车淘汰} = E_0 \tag{6-16}$$

式中：$R_{机动车淘汰}$ —— 机动车淘汰 NO_x 减排量，t；

E_0 —— 淘汰机动车对应的 2015 年 NO_x 排放量，t，根据“十二五”各类车型的年平均淘汰率以及黄标车淘汰计划确定。

（2）工程机械。

工程机械淘汰新增NO_x削减量，根据该机械在2015年的排放量进行计算。计算公式如下。

$$R_{工程机械淘汰}=E_0 \tag{6-17}$$

式中：$R_{工程机械淘汰}$ —— 工程机械淘汰NO_x减排量，t；

E_0 —— 淘汰工程机械对应的2015年NO_x排放量，t，根据工程机械淘汰计划确定，工程机械排放标准判定方法见附表1-15。

（3）农业机械。

农业机械淘汰新增NO_x削减量，根据该机械在2015年的排放量进行计算。计算公式如下。

$$R_{农业机械淘汰}=E_0 \tag{6-18}$$

式中：$R_{农业机械淘汰}$ —— 农业机械淘汰NO_x减排量，t；

E_0 —— 淘汰农业机械对应的2015年NO_x排放量，t，根据农业机械淘汰计划确定，农用机械排放标准判定方法见附表1-15。

（4）船舶。

船舶淘汰新增NO_x削减量，根据该船舶在2015年的排放量进行计算。计算公式如下。

$$R_{船舶淘汰}=E_0 \tag{6-19}$$

式中：$R_{船舶淘汰}$ —— 船舶淘汰NO_x减排量，t；

E_0 —— 淘汰船舶对应的2015年NO_x排放量，t，根据船舶淘汰计划确定，船舶排放标准判定方法见附表1-15。

6.2.5.2 非道路移动机械、船舶淘汰改造工程

（1）工程机械和农业机械。

工程机械、农业机械改造新增 NO_x 削减量，根据该机械在 2015 年的排放量、改造效率进行计算。计算公式如下。

$$R_{移动机械改造} = \eta \times E_0 \tag{6-20}$$

式中：$R_{移动机械改造}$ —— 工程机械、农业机械的改造减排量，t；

η —— 移动机械 SCR 改造效率，取 50%；

E_0 —— 改造机械对应的 2015 年 NO_x 排放量，t，根据机械改造计划确定。

（2）船舶。

船舶改造工程新增 NO_x 削减量，根据该船舶在 2015 年的排放量、改造效率进行计算。计算公式如下。

$$R_{船舶改造} = \eta \times E_0 \tag{6-21}$$

式中：$R_{船舶改造}$ —— 船舶改造减排量，t；

η —— 船舶 SCR 改造效率，取 50%；

E_0 —— 改造船舶对应的 2015 年 NO_x 排放量，t，根据船舶改造计划确定。

6.2.5.3 油品升级工程

油品升级工程包括：机动车油品质量由国Ⅳ标准提高到国Ⅴ标准，非道路移动机械油品质量由国Ⅲ标准提高到国Ⅴ标准，船用普通柴油由国Ⅲ标准提高到国Ⅴ标准，船用燃料油由Ⅰ阶段升级到Ⅱ阶段或Ⅲ阶段。

油品升级新增 NO_x 削减量，根据 2015 年排放基数、“十三五”新增排放量与燃油更换前后 NO_x 排放削减比例进行计算。计算公式如下。

$$R_{油品替代}=\eta\times(E_0+E_{增}) \tag{6-22}$$

式中：$R_{油品替代}$ —— 油品升级 NO_x 减排量，t；

η —— 油品升级产生的 NO_x 排放削减比例，%，汽车按 2%取值，工程机械、农业机械按 8%取值，船舶（普通柴油）按 8%取值，船舶（燃料油）按 9%取值。

E_0 —— 2015 年移动源 NO_x 排放量，t；

$E_{增}$ —— “十三五”移动源新增 NO_x 排放量，t。

6.2.5.4 岸电工程

靠港船舶使用岸电的，NO_x 削减量根据 2015 年排放基数、“十三五”新增排放量与使用岸电前后 NO_x 排放下降比例进行计算。计算公式如下：

$$R_{船舶岸电}=\eta\times(E_0+E_{增}) \tag{6-23}$$

式中：$R_{船舶岸电}$ —— 靠港船舶使用岸电 NO_x 减排量，t；

η —— 因使用岸电导致的 NO_x 排放下降比例，按 7%取值；

E_0 —— 2015 年船舶 NO_x 排放量，t；

$E_{增}$ —— “十三五”船舶新增 NO_x 排放量，t。

6.3 VOCs 的减排项目和削减量

6.3.1 石化和化工行业

6.3.1.1 石化和化工行业 VOCs 治理工程

全面梳理本地石化和化工企业生产排放情况，针对设备管线组件泄漏、有机液体储罐挥发、有机液体装卸挥发、废水处理过程逸散、工艺排放等重要环节，采取综合治理措施推进 VOCs 治理，确保稳定达标排放。减排量测算方法如下。

$$R_{治理} = E_0 \times \eta_{综合} \tag{6-24}$$

式中：$R_{治理}$ —— 石化或化工企业实施 VOCs 综合治理工程的 VOCs 减排量，t/a。

E_0 —— 石化或化工企业 2015 年 VOCs 排放量，t/a，可采用环境监察系统排污费征收数据，若数据存在不合理现象，或各地已开展企业 VOCs 基数核算工作的，可综合权衡取值，排污收费未覆盖的化工企业排污基数可根据《大气挥发性有机物源排放清单编制技术指南》和《石油炼制、石油化学工业 VOCs 排放量简化核算方法》等有关技术方法进行核算；

$\eta_{综合}$ —— 石化企业 VOCs 综合去除效率，可按 70%取值。

对在部分环节采取相应治理措施并稳定达到排放标准要求的石化企业，可根据各环节污染排放情况和采取治理措施后可形成的削减效率测算减排量。各环节污染排放基数根据环境监察系统排污费征收数据结果获取，各环节去除效率可参照以下取值：设备与管线组件泄漏全面开展 LDAR，去除率取 60%；有机液体储罐由拱顶罐改装为压力罐、低温罐、高效密封浮顶罐，或安装顶空连通置换油气回收装置，去除率取 90%；有机液体装卸台全面配套油气回收装置，去除率取 80%；废水收集、输送、处理构筑物全面加盖，并收集后采取催化燃烧等措施，去除率取 90%；工艺废气采取气柜回收的，去除率取 80%，后续再增加其他处理设施，去除率可取 95%。

6.3.1.2 结构关停工程

石化与化工企业结构关停减排量为该企业 2015 年 VOCs 排放量。计算公式如下。

$$R_{结构} = E_0 \quad (6\text{-}25)$$

式中：$R_{结构}$ —— 石化或化工企业实施结构关停工程的 VOCs 减排量，t/a。

6.3.2 工业涂装

6.3.2.1 工业涂装 VOCs 综合整治工程

工业涂装 VOCs 综合整治工程，通过采取源头涂料替代、涂装工艺改造、末端治理等综合措施，针对汽车、船舶、集装箱、家具、工程机械、钢结构、卷材制造等工业涂装类重点企业，采取如下方法进行计算 VOCs 减排量。

$$R_{i涂装治理} = A_{i涂装} \times F_{i涂装} \times \eta_{i涂装} \quad (6\text{-}26)$$

式中：$R_{i涂装治理}$ —— 第 i 类工业涂装企业实施 VOCs 综合整治工程的 VOCs 削减量，t/a；

i —— 工业涂装行业类别；

$A_{i涂装}$ —— 第 i 类工业涂装企业 2015 年的活动水平，取值见附表 1-16；

$F_{i涂装}$ —— 第 i 类工业涂装企业未采取控制措施的 VOCs 排放因子，取值见附表 1-16；

$\eta_{i涂装}$ —— 第 i 类工业涂装企业 VOCs 综合去除效率，%；采取末端治理措施的综合去除效率，根据收集率和治理设施去除效率进行计算。其中，汽车、集装箱制造取 80%，卷材制造行业取 70%，家具制造行业取 60%，工程机械、船舶、钢结构制造行业取40%。

部分生产已采取治理措施的工业涂装类企业，排放因子根据治理情况予以相应调整。综合去除效率取值也应考虑已采取的治理措施。

6.3.2.2 结构关停工程

工业涂装类企业结构关停减排量为该企业2015年VOCs排放量。计算公式如下：

$$R_{涂装结构} = A_{i涂装} \times F_{i涂装} \tag{6-27}$$

式中：$R_{涂装结构}$ —— 工业涂装类企业实施结构关停工程的VOCs减排量，t/a。

6.3.3 印刷行业

6.3.3.1 印刷行业VOCs综合整治工程

印刷行业VOCs综合整治工程，通过采取源头低VOCs含量原料替代、工艺改造、末端治理等综合措施，针对包装印刷、出版物印刷企业，采取如下方法进行计算VOCs减排量。

$$\begin{aligned} R_{印刷治理} = (&Q_{油墨} \times P_{油墨} + Q_{胶黏剂} \times P_{胶黏剂} + Q_{稀释剂} + Q_{洗车水} \times \\ &P_{洗车水} + Q_{润版液} \times P_{润版液} + Q_{涂布液} \times P_{涂布液}) \times \eta_{印刷} \end{aligned} \tag{6-28}$$

式中：$R_{印刷治理}$ —— 印刷企业实施VOCs综合治理工程的VOCs削减量，t/a；

$Q_{油墨}$ —— 印刷企业2015年油墨的使用量，t/a；

$P_{油墨}$ —— 油墨的VOCs含量，%。其中，塑料里印油墨白色65%，白色以外的色墨70%，塑料表印油墨60%，纸质凹版印刷油墨60%，柔版印刷油墨60%，丝网印刷油墨45%，金属印刷油墨45%，商业轮转印刷油墨30%，单张纸印刷油墨5%；

$Q_{胶黏剂}$ —— 印刷企业 2015 年胶黏剂的使用量，t/a；

$P_{胶黏剂}$ —— 胶黏剂的 VOCs 含量，%，取 30%；

$Q_{稀释剂}$ —— 印刷企业 2015 年稀释剂的使用量，t/a；

$Q_{洗车水}$ —— 印刷企业 2015 年洗车水的使用量，t/a；

$P_{洗车水}$ —— 洗车水的 VOCs 含量，%，取 17%；

$Q_{润版液}$ —— 印刷企业 2015 年润版液的使用量，t/a；

$P_{润版液}$ —— 润版液的 VOCs 含量，%，取 20%；

$Q_{涂布液}$ —— 印刷企业 2015 年涂布液的使用量，t/a；

$P_{涂布液}$ —— 涂布液的 VOCs 含量，%，取 40%；

$\eta_{印刷}$ —— 印刷企业 VOCs 综合去除效率，%，采取末端治理措施的综合去除效率，根据收集率和治理设施去除效率进行计算。其中包装印刷企业取 70%，出版物印刷企业取 30%。

部分已采取低 VOCs 含量原料替代、工艺改造、末端治理等措施的印刷企业，其替代的油墨、胶黏剂、稀释剂、洗车水、润版液、涂布液 VOCs 含量根据实际检测结果确定，同时综合去除效率取值应考虑已采取的治理措施。

6.3.3.2 结构关停工程

印刷企业结构关停减排量为该企业 2015 年 VOCs 排放量。计算公式如下。

$$\begin{aligned}R_{印刷结构} = & Q_{油墨} \times P_{油墨} + Q_{胶黏剂} \times P_{胶黏剂} + Q_{稀释剂} + \\ & Q_{洗车水} \times P_{洗车水} + Q_{润版液} \times P_{润版液} + Q_{涂布液} \times P_{涂布液}\end{aligned} \tag{6-29}$$

式中：$R_{印刷结构}$ —— 印刷企业实施结构关停工程的 VOCs 减排量，t/a。

6.3.4 油品储运销

6.3.4.1 新建油气回收设施

加油站、储油库、油罐车等新建油气回收设施，根据该设备油品储运销量与油气回收效率进行计算，公式如下：

$$R_{油气VOCs} = P_{油品} \times \eta \times ef_{油气VOCs} \tag{6-30}$$

式中：$R_{油气VOCs}$ —— 新建油气回收设施的 VOCs 削减量，万 t；

$P_{油品}$ —— 该设备油品储运销量，万 t；

η —— 油气回收改造效率，%，原油取 80%，汽油取 90%；

$ef_{油气VOCs}$ —— 油品储运销过程 VOCs 排放系数，kg/t，原油取 5.4 kg/t，汽油取 7.7 kg/t。

6.3.4.2 管理减排

加油站、储油库、油罐车等强化管理减排，根据该设备 2015 年 VOCs 排放基数与油气回收效率差进行计算，公式如下：

$$R_{油品储运销VOCs} = \frac{E_0}{1-\eta_0} \times (\eta_1 - \eta_0) \tag{6-31}$$

式中：$R_{油品储运销VOCs}$ —— 油品储运销过程强化管理后的 VOCs 削减量，万 t；

E_0 —— 该设备 2015 年的 VOCs 排放基数，万 t；

η_0 —— 2015 年油品储运销油气回收效率，%，汽油取 30%；

η_1 —— 强化管理后油品储运销油气回收效率，%，汽油取 90%。

6.3.5 移动源VOCs综合治理工程

6.3.5.1 机动车淘汰工程

机动车淘汰工程新增VOCs削减量，根据该车辆在2015年的排放量进行计算。计算公式如下。

$$R_{机动车淘汰}=E_0 \tag{6-32}$$

式中：$R_{机动车淘汰}$ —— 机动车淘汰VOCs减排量，t；

E_0 —— 淘汰车辆对应的2015年的VOCs排放基数，t，2015年尾气排放采用环境统计数据；蒸发排放参照蒸发排放新增VOCs排放量计算公式计算，见4.4节中机动车VOCs新增量预测部分。

6.3.5.2 机动车管理减排

强化机动车管理减排，根据机动车2015年VOCs排放基数、"十三五"新增排放量与强化管理新增排放削减比例进行计算。计算公式如下。

$$R_{机动车管理}=\eta\times(E_0+E_{增}) \tag{6-33}$$

式中：$R_{机动车管理}$ —— 强化机动车管理VOCs减排量，t；

η —— 强化机动车管理新增VOCs排放削减比例，%，取1.0%；

E_0 —— 2015年机动车VOCs排放量，t；

$E_{增}$ —— "十三五"机动车新增VOCs排放量，t。

6.3.6 其他行业

6.3.6.1 其他行业 VOCs 治理工程

煤化工、电子信息、制鞋、纺织印染、木材加工、建筑装饰、干洗、餐饮等其他行业 VOCs 治理工程，采取如下方法计算 VOCs 减排量。

$$R_{其他治理} = A_{j其他} \times F_{j其他} \times \eta_{j其他综合} \quad (6\text{-}34)$$

式中：$R_{其他治理}$ —— 其他行业企业实施 VOCs 治理工程的 VOCs 减排量，t/a；

j —— 其他行业类别；

$A_{j其他}$ —— 第 j 类其他行业企业 2015 年的活动水平，取值可参考《大气挥发性有机物源排放清单编制技术指南》或附表 1-17；

$F_{j其他}$ —— 第 j 类其他行业企业未采取控制措施的 VOCs 排放因子，取值可参考《大气挥发性有机物源排放清单编制技术指南》或附表 1-17；

$\eta_{j其他综合}$ —— 第 j 类其他行业企业 VOCs 综合去除效率，%。其中，电子信息企业取 60%，现代煤化工企业取 70%，制鞋、印染、木材加工企业取 30%，建筑装饰、干洗、餐饮按地方实际治理程度取值。

部分生产已采取治理措施的其他行业企业，排放因子根据治理情况予以相应调整。综合去除效率取值也应考虑已采取的治理措施。

6.3.6.2 结构关停工程

其他行业企业结构关停减排量为该企业2015年VOCs排放量。计算公式如下。

$$R_{其他结构}=A_{j其他}\times F_{j其他} \tag{6-35}$$

式中：$R_{其他结构}$ —— 其他行业企业实施结构关停工程的VOCs减排量，t/a。

6.4 可达性分析

“十三五”主要污染物总量控制规划的编制，实质在于通过强化污染物排放总量基数、新增量、各类污染削减措施和投入需求的分析，强化可达性分析。其中，新增量测算应综合考虑本地经济发展和产业结构现状，尤其是高耗能、高污染行业发展状况，结合“十二五”经济发展速度和产业结构变化形势预测，评估污染减排所面临的压力和困难；削减量测算应留有余地，充分考虑不利因素的影响和各类减排项目的实际实施情况，确保减排综合措施到位。通过经济社会发展态势、产业结构变化趋势、减排资金能力投入需求等关键问题的分析，剖析减排任务落实可能存在的问题以及影响减排目标实现的主要因素和环节，本着稳妥可靠的原则，对“十三五”年总量减排目标完成情况进行可达性分析。

6.5 政策措施

为确保减排方案的落实，从考核机制、环境经济政策、科技技术、产业政策、监督管理等角度提出落实规划的政策措施需求，可以是省内需要采取的，也可是对国家提出有关政策需求建议，主要包括目标任务分解，落实办法、考核评价和监督管理办法，淘汰关停落后产能，提高地方污染物排放标准，提高行业准入门槛，保障工程措施落实的环境经济政策、财政、税收、金融等各项政策。政策措施分为两类，一是在总结“十二五”工作经验基础上，为适应“十三五”减排工作需要，对“十二五”政策措施的进一步调整和完善；二是通过对“十三五”总量控制目标方案的分析，为解决“十三五”总量控制工作中可能出现的问题和矛盾，有必要采取的政策措施。

附表1 规划编制相关附表

附表 1-1 "十三五"主要大气污染物减排基数　　单位：万 t

省（市、区）	SO_2 船舶	NO_x 非道路移动源	VOCs "十三五"基数
北京	0	5.3	23.42
天津	1.74	9.57	33.89
河北	0.66	42.42	154.63
山西	0	14.73	72.96
内蒙古	0	12.81	76.38
辽宁	4.44	26.3	105.4
吉林	0	10.16	69.54
黑龙江	0	16.47	89.46
上海	9.31	27.96	42.07
江苏	4.36	56.39	187.42
浙江	6.15	47.46	139.22
安徽	0.51	37.06	95.9
福建	2.67	17.96	81.78
江西	0.06	14.29	65.33
山东	0.87	58.93	216.39
河南	0.02	49.52	167.51
湖北	0.55	23.9	98.68
湖南	0.08	20.39	98.29
广东	3.97	28.78	137.76
广西	0.74	14.01	66
海南	0.43	2.9	17.17

省（市、区）	SO_2	NO_x	VOCs
	船舶	非道路移动源	“十三五”基数
重庆	0.05	10.94	40.22
四川	0.01	18.5	111.32
贵州	0	5.67	36.39
云南	0	10.5	67.88
西藏	0	1.51	4.9
陕西	0	11.85	67.51
甘肃	0	11.9	47.57
青海	0	2.21	9.43
宁夏	0	3.13	15.28
新疆	0	6.35	62.88
兵团	0	1.28	
合计	36.61	619.89	2 503

注：挥发性有机物（Volatile Organic compounds，VOCs）：是指在标准状态下饱和蒸气压较高（标准状态下大于 13.33 Pa）、沸点较低、分子量小、常温状态下易挥发的有机化合物。通常可分为包括烷烃、烯烃、芳香烃、炔烃的 C2～C12 非甲烷碳氢化合物（Nonmethane hydrocarbons，NMHCs）；包括醛、酮、醇、醚、酯、酚等 C1～C10 含氧有机物（Oxygenated Volatile Organic Compounds，OVOCs）；卤代烃（Halogenated hydrocarbons）；含氮化合物（Organic nitrates）、含硫化合物（Organic sulfur）等几大类化合物。

附表 1-2　2010—2015 年中国船舶货物周转量

单位：万 t·km

省（市、区）	内河船舶					沿海船舶					远洋船舶				
	2010 年	2011 年	2012 年	2013 年	2015 年	2010 年	2011 年	2012 年	2013 年	2015 年	2010 年	2011 年	2012 年	2013 年	2015 年
全国	55 357 403	65 648 769	76 384 153	115 141 436	133 124 134	168 926 327	195 035 639	20 657 0631	192 161 390	242 239 438	459 991 534	493 553 950	534 121 005	487 053 682	542 360 935
北京	—	—	—	—	—	—	—	—	—	—	—	—	—	—	—
天津	79	1 738	1 925	—	—	7 687 410	5 809 700	7 677 108	10 702 696	14 615 907	85 555 197	89 694 747	62 447 869	11 975 704	2 676 195
河北	—	—	—	—	—	4 414 524	4 950 382	5 096 022	4 123 288	4 809 077	—	—	—	4 502 085	10 718 849
山西	595	496	596	768	525	—	—	—	—	—	—	—	—	—	—
内蒙古	—	—	—	—	—	—	—	—	—	—	—	—	—	—	—
辽宁	121	183	160		—	7 457 348	7 985 290	7 764 425	4 283 036	8 237 083	49 499 635	57 308 063	67 068 646	74 088 558	71 394 643
吉林	12 692	12 144	10 832	13 423	5 913	—	—	—	—	—	—	—	—	—	—
黑龙江	70 329	74 284	75 584	78 897	81 276	—	—	—	—	—	—	—	—	—	—
上海	383 017	522 053	489 474	402 742	463 609	40 527 705	42 987 870	39 317 350	37 246 440	39 996 549	145 353 326	156 542 061	160 865 039	102 005 507	151 495 219
江苏	6 941 066	7 482 996	8 236 009	13 365 575	18 711 814	8 846 984	10 811 365	11 445 368	17 632 011	19 198 653	25 168 950	34 074 784	40 848 159	46 532 662	20 957 015
浙江	3 786 630	4 275 321	4 100 387	3 477 935	2 846 686	40 581 035	50 076 705	51 516 415	49 171 583	56 716 074	10 394 711	14 525 464	18 047 694	20 920 524	21 863 686
安徽	9 523 452	11 162 186	13 817 841	45 731 080	46 199 700	1 744 516	1 892 194	2 276 124	3 405 600	3 210 240	51 613	43 310	42 642		—
福建	117 754	83 675	108 828	124 301	146 083	17 572 506	20 446 515	22 581 204	22 637 625	34 774 810	4 498 579	5 013 163	6 539 910	6 785 213	8 064 278
江西	1 147 431	1 267 603	1 329 992	1 430 470	1 825 577	602 711	694 858	686 569	485 999	510 040	73 963	70 223	56 080	67 153	
山东	1 860 101	1 870 134	1 990 012	2 154 473	2 089 795	5 455 893	6 757 773	8 139 858	6 835 416	6 236 106	33 508 995	35 704 388	14 251 412	3 129 979	5 472 849
河南	3 002 832	4 013 238	4 841 487	6 184 575	7 052 934	—	—	—	—	—	—	—	—	—	—
湖北	5 477 680	6 252 567	7 407 585	12 255 169	18 512 652	4 699 880	6 096 133	6 833 556	4 187 623	6 180 200	1 277 958	3 446 709	5 330 665	1 469 941	616 291

省（市、区）	内河船舶					沿海船舶					远洋船舶				
	2010 年	2011 年	2012 年	2013 年	2015 年	2010 年	2011 年	2012 年	2013 年	2015 年	2010 年	2011 年	2012 年	2013 年	2015 年
湖南	2 860 704	3 439 563	4 158 518	4 408 641	4 116 024	—	—	—	—	—	560 723	763 008	1 464 091	1 115 814	1 686 983
广东	2 827 122	3 573 750	4 759 676	4 635 159	6 207 058	16 685 650	21 777 189	27 610 737	21 003 321	31 873 259	16 909 413	18 925 454	35 832 440	33 516 786	77 064 860
广西	3 828 377	4 737 071	5 848 878	4 740 854	5 378 306	4 643 110	5 971 988	7 679 340	7 048 997	7 007 265	148 389	179 083	195 137	107 747	261 319
海南	493 928	247 517	557 615	—	233 703	8 007 055	8 777 677	7 899 796	2 975 548	8 411 383	474 652	3 599 873	5 833 815	2 349 414	2 264 227
重庆	12 067 925	15 499 097	17 352 716	14 168 461	16 932 336	—	—	46 760	35 927	68 508	124 805	77 642			—
四川	751 030	901 584	1 036 766	1 587 722	1 834 540	—	—	—	—	—	—	—	—	—	—
贵州	127 450	142 320	164 698	256 172	352 641	—	—	—	—	—	—	—	—	—	—
云南	69 144	81 855	87 110	116 488	124 352	—	—	—	—	—	—	—	—	—	—
西藏	—	—	—	—	—	—	—	—	—	—	—	—	—	—	—
陕西	7 907	7 354	7 436	8 430	8 030	—	—	—	—	—	—	—	—	—	—
甘肃	37	40	28	101	586	—	—	—	—	—	—	—	—	—	—
青海	—	—	—	—	—	—	—	—	—	—	—	—	—	—	—
宁夏	—	—	—	—	—	—	—	—	—	—	—	—	—	—	—
新疆	—	—	—	—	—	—	—	—	—	—	—	—	—	—	—
不分地区	—	—	—	—	—	—	—	—	386 280	394 284	86 390 625	73 585 978	115297405	178 486 595	167 824 521

附表 1-3　2010—2015 年中国船舶旅客周转量

单位：万人·km

省（市、区）	内河船舶					沿海船舶					远洋船舶				
	2010 年	2011 年	2012 年	2013 年	2015 年	2010 年	2011 年	2012 年	2013 年	2015 年	2010 年	2011 年	2012 年	2013 年	2015 年
全国	295 354	333 829	354 295	326 116	322 756	327 482	305 755	302 295	224 078	280 163	99 865	105 701	118 201	133 135	127 921
北京	—	—	—	—	—	—	—	—	—	—	—	—	—	—	—
天津	1 368	1 559	1 076	1 022	1 352	—	—	—	—	—	1 820	1 744	1 502	—	—
河北	—	—	—	—	—	—	—	—	—	—	—	—	—	—	—
山西	458	1 161	949	1 115	948	—	—	—	—	—	—	—	—	—	—
内蒙古	—	—	—	—	—	—	—	—	—	—	—	—	—	—	—
辽宁	—	—	—	—	—	58 469	64 201	67 791	57 136	52 909	5 430	6 234	7 251	8 042	6 737
吉林	2 005	2 865	3 254	2 490	2 749	—	—	—	—	—	—	—	—	—	—
黑龙江	3 462	3 687	3 738	3 997	4 094	—	—	—	—	—	—	—	—	—	—
上海	—	—	—	—	—	54 226	10 236	9 868	6 232	6 965	—	—	—	—	1 087
江苏	5 497	6 711	7 556	21 389	21 186	8 190	8 592	6 296	496	94	—	—	—	17 773	5745
浙江	7 614	9 191	9 767	8 702	9 640	52 657	55 180	51 813	42 191	48 719	—	—	—	—	—
安徽	2 684	3 168	2 947	1 916	3 843	—	—	—	—	—	—	—	—	—	—
福建	3 741	4 095	4 468	4 220	4 050	13 266	14 837	16 370	18 326	18 930	4 403	5 120	6 341	5 918	5 465
江西	3 156	2 985	3 169	3 645	3 466	—	—	—	—	—	—	—	—	—	—
山东	2 251	2 669	3 259	2 790	2 195	79 742	78 360	74 245	71 766	70 431	36 546	37 758	47 457	35 537	43 736
河南	5 993	6 464	6 046	3 742	5 393	—	—	—	—	—	—	—	—	—	—
湖北	27 869	26 038	29 882	32 366	33 215	—	—	—	—	—	—	—	—	—	—

省（市、区）	内河船舶					沿海船舶					远洋船舶				
	2010 年	2011 年	2012 年	2013 年	2015 年	2010 年	2011 年	2012 年	2013 年	2015 年	2010 年	2011 年	2012 年	2013 年	2015 年
湖南	16 898	27 429	26 292	28 502	30 687	—	—	—	—	—	—	—	—	—	—
广东	3 977	6 103	8 337	17 762	9 552	27 874	35 654	36 101	117	34 196	51 203	34 575	55 650	65 865	61 217
广西	10 786	11 391	13 542	12 252	12 806	6 570	8 464	9 225	6 947	13 768	463	270	—	—	488
海南	761	847	934	870	400	26 488	30 231	30 586	20 867	34 151	—	—	—	—	—
重庆	102 092	110 652	113 164	72 561	60 760	—	—	—	—	—	—	—	—	—	—
四川	23 084	26 273	27 283	28 781	26 264	—	—	—	—	—	—	—	—	—	—
贵州	45 701	51 520	58 521	45 353	55 189	—	—	—	—	—	—	—	—	—	—
云南	17 773	19 587	20 197	22 289	24 975	—	—	—	—	—	—	—	—	—	—
西藏	—	—	—	—	—	—	—	—	—	—	—	—	—	—	—
陕西	4 337	5 427	5 790	7 043	6 370	—	—	—	—	—	—	—	—	—	—
甘肃	2 140	2 190	2 130	1 590	1 681	—	—	—	—	—	—	—	—	—	—
青海	504	556	651	742	857	—	—	—	—	—	—	—	—	—	—
宁夏	1 203	1 261	1 343	977	1 086	—	—	—	—	—	—	—	—	—	—
新疆	—	—	—	—	—	—	—	—	—	—	—	—	—	—	—
不分地区	—	—	—	—	—	—	—	—	—	—	—	—	—	—	—

附表 1-4　有色金属冶炼企业 SO_2 排放绩效　　单位：kg/t

产品名称	铜	铅、锌	镍、钴	氧化铝	电解铝	镁	钛	精锡、锑、汞
SO_2 排放绩效	8.4	20	14.4	2	23	34	34	25.2

附表 1-5 不同类型国Ⅱ、国Ⅲ、国Ⅳ、国Ⅴ标准车的 NO_x 排污系数

单位：kg/（a·辆）

车辆类型				NO_x 排污系数	
				国Ⅳ	国Ⅴ
载客汽车	微型	出租车	汽油	6.9	5.87
			燃气	6.9	5.87
		其他	汽油	1.33	1.13
			燃气	1.33	1.13
	小型	出租车	汽油	6.97	5.92
			柴油	40.44	30.33
			燃气	7.76	6.60
		其他	汽油	1.19	1.01
			柴油	8.09	6.07
			燃气	1.19	1.01
	中型	公交车	汽油	4.09	—
			柴油	155.62	85.59
			燃气	102.6	61.56
		其他	汽油	2.81	—
			柴油	76.11	41.86
			燃气	55.87	33.52
	大型	公交车	汽油	25.68	—
			柴油	167.01	91.86
			燃气	284.32	170.59
		其他	汽油	64.69	—
			柴油	350.85	192.97
			燃气	733.94	440.36
载货汽车	微型		汽油	2.66	2.26
			柴油	14.54	10.91
	轻型		汽油	3.49	2.97
			柴油	14.54	10.91

车辆类型			NO_x排污系数	
			国Ⅳ	国Ⅴ
载货汽车	中型	汽油	5.67	—
		柴油	153.92	84.66
	重型	汽油	59.5	—
		柴油	322.73	177.50
			国Ⅱ	国Ⅲ
低速汽车	三轮汽车		53.27	43.15
	低速货车		71.56	—
摩托车	普通摩托车		—	0.49
	轻便摩托车		—	0.16

附表 1-6 各省“十三五”期间工程机械新增量预测 单位：万台

省（市、区）	挖掘机	推土机	装载机	叉车	压路机	摊铺机	平地机
全国	263.244 8	7.424 3	176.373 2	291.813 8	7.399 3	4.103 8	5.908 5
北京	5.335 7	0.150 5	3.574 9	5.914 8	0.15	0.083 2	0.119 8
天津	3.904 6	0.110 1	2.616 1	4.328 4	0.109 8	0.060 9	0.087 6
河北	10.996 3	0.310 1	7.367 5	12.189 7	0.309 1	0.171 4	0.246 8
山西	5.905 6	0.166 6	3.956 8	6.546 6	0.166	0.092 1	0.132 6
内蒙古	3.037 3	0.085 7	2.035	3.367	0.085 4	0.047 3	0.068 2
辽宁	11.318 8	0.319 2	7.583 6	12.547 2	0.318 2	0.176 5	0.254
吉林	3.090 8	0.087 2	2.070 8	3.426 2	0.086 9	0.048 2	0.069 4
黑龙江	4.472 2	0.126 1	2.996 4	4.957 5	0.125 7	0.069 7	0.100 4
上海	5.572 8	0.157 2	3.733 7	6.177 6	0.156 6	0.086 9	0.125 1
江苏	38.065 2	1.073 6	25.503 6	42.196 3	1.069 9	0.593 4	0.854 4
浙江	27.383 7	0.772 3	18.347	30.355 6	0.769 7	0.426 9	0.614 6
安徽	9.730 6	0.274 4	6.519 5	10.786 6	0.273 5	0.151 7	0.218 4
福建	8.529 5	0.240 6	5.714 7	9.455 2	0.239 7	0.133	0.191 4
江西	4.808 4	0.135 6	3.221 6	5.330 2	0.135 2	0.075	0.107 9
山东	20.234 4	0.570 7	13.557	22.430 4	0.568 8	0.315 4	0.454 2
河南	15.172 3	0.427 9	10.165 4	16.818 8	0.426 5	0.236 5	0.340 5
湖北	13.013 6	0.367	8.719 1	14.425 9	0.365 8	0.202 9	0.292 1
湖南	10.369 8	0.292 5	6.947 8	11.495 2	0.291 5	0.161 7	0.232 7
广东	14.43	0.407	9.668	15.996	0.405 6	0.225	0.323 9
广西	4.101 4	0.115 7	2.747 9	4.546 5	0.115 3	0.063 9	0.092 1
海南	0.578 9	0.016 3	0.387 8	0.641 7	0.016 3	0.009	0.013
重庆	6.788 9	0.191 5	4.548 6	7.525 7	0.190 8	0.105 8	0.152 4
四川	13.173 8	0.371 5	8.826 4	14.603 5	0.370 3	0.205 4	0.295 7
贵州	2.176	0.061 4	1.457 9	2.412 1	0.061 2	0.033 9	0.048 8

省（市、区）	挖掘机	推土机	装载机	叉车	压路机	摊铺机	平地机
云南	5.149 9	0.145 2	3.450 4	5.708 8	0.144 8	0.080 3	0.115 6
西藏	0.380 6	0.010 7	0.255	0.421 9	0.010 7	0.005 9	0.008 5
陕西	6.124 3	0.172 7	4.103 3	6.788 9	0.172 1	0.095 5	0.137 5
甘肃	4.928 4	0.139	3.302	5.463 3	0.138 5	0.076 8	0.110 6
青海	1.046 9	0.029 5	0.701 4	1.160 5	0.029 4	0.016 3	0.023 5
宁夏	0.940 7	0.026 5	0.630 3	1.042 8	0.026 4	0.014 7	0.021 1
新疆	2.483 5	0.07	1.663 9	2.753	0.069 8	0.038 7	0.055 7

附表 1-7　不同类型工程机械的 NO_x 排放计算参数

		挖掘机	推土机	装载机	叉车	压路机	摊铺机	平地机
平均功率/kW		100	120	135	40	110	80	100
排放因子/（g/kW）	国Ⅰ前	5 005.0	5 005.0	5 005.0	5 255.3	5 005.0	5 005.0	5 005.0
	国Ⅰ	4 604.6	4 604.6	4 604.6	4 604.6	4 604.6	4 604.6	4 604.6
	国Ⅱ	3 003.0	3 003.0	3 003.0	3 503.5	3 003.0	3 003.0	3 003.0
	国Ⅲ	1 751.8	1 751.8	1 751.8	2 002.0	1 751.8	1 751.8	1 751.8

附表 1-8　不同类型农业机械的 NO_x 排污系数

排放阶段	大中型拖拉机	小型拖拉机	联合收割机	柴油排灌机械	其他
国Ⅰ前	3 412.5	3 412.5	1 023.8	2 593.5	2 593.5
国Ⅰ	3 412.5	3 412.5	897.0	2 593.5	2 593.5
国Ⅱ	2 437.5	2 437.5	682.5	1 852.5	1 852.5
国Ⅲ	1 950.0	1 950.0	390.0	1 482.0	1 482.0

附表 1-9　不同类型国Ⅱ、国Ⅲ、国Ⅳ、国Ⅴ标准车的尾气 VOCs 排污系数

单位：kg/（a·辆）

车辆类型				VOCs 排污系数	
				国Ⅳ	国Ⅴ
载客汽车	微型	出租车	汽油	38.51	34.66
			燃气	38.51	34.66
		其他	汽油	6.52	5.87
			燃气	6.52	5.87
	小型	出租车	汽油	32.90	29.61
			柴油	8.98	8.98
			燃气	32.90	29.61
		其他	汽油	5.57	5.01
			柴油	1.62	1.62
			燃气	5.52	4.97
	中型	公交车	汽油	4.87	—
			柴油	5.24	4.45
			燃气	26.86	24.17
		其他	汽油	3.44	—
			柴油	2.31	1.96
			燃气	18.66	16.80
	大型	公交车	汽油	6.71	—
			柴油	8.51	7.23
			燃气	64.03	57.63
		其他	汽油	17.33	—
			柴油	14.21	12.08
			燃气	165.31	148.78

车辆类型			VOCs 排污系数	
			国Ⅳ	国Ⅴ
载货汽车	微型	汽油	10.83	9.75
		柴油	2.79	2.79
	轻型	汽油	12.43	11.19
		柴油	3.75	3.75
	中型	汽油	6.96	—
		柴油	4.67	3.97
	重型	汽油	15.94	—
		柴油	13.07	11.11
			国Ⅱ	国Ⅲ
低速汽车	三轮汽车		16.72	12.92
	低速货车		22.46	—
摩托车	普通摩托车		—	1.45
	轻便摩托车		—	2.39

附表 1-10　不同类型机动车的蒸发 VOCs 排污系数　　单位：kg/d

		1 类	2 类	3 类	4 类
微型汽油车	国 I 前	0.025	0.036	0.050	0.085
	国 I	0.004	0.006	0.008	0.015
	国 II	0.004	0.006	0.008	0.015
	国III	0.003	0.005	0.006	0.012
	国IV	0.003	0.005	0.006	0.012
	国 V	0.003	0.005	0.006	0.012
轻型汽油车	国 I 前	0.030	0.043	0.060	0.102
	国 I	0.007	0.009	0.013	0.022
	国 II	0.007	0.009	0.013	0.022
	国III	0.005	0.007	0.010	0.018
	国IV	0.005	0.007	0.010	0.018
	国 V	0.005	0.007	0.010	0.018
普通摩托车	国 I 前	0.007	0.010	0.014	0.023
	国 I	0.007	0.010	0.014	0.023
	国 II	0.007	0.010	0.014	0.023
	国III	0.007	0.010	0.014	0.023
轻便摩托车	国 I 前	0.002	0.003	0.004	0.006
	国 I	0.002	0.003	0.004	0.006
	国 II	0.002	0.003	0.004	0.006
	国III	0.002	0.003	0.004	0.006

附表 1-11　不同省（区、市）月温度种类个数

省（区、市）	1类	2类	3类	4类
北京	3	2	4	3
天津	3	3	3	3
河北	3	2	4	3
山西	4	3	2	3
内蒙古	5	2	5	0
辽宁	5	2	3	2
吉林	6	1	3	2
黑龙江	6	1	4	1
上海	1	3	4	4
江苏	2	3	3	4
浙江	1	3	3	5
安徽	2	3	3	4
福建	0	2	4	6
江西	0	3	4	5
山东	3	2	3	4
河南	3	2	2	5
湖北	2	2	4	4
湖南	0	3	4	5
广东	0	1	5	6
广西	0	2	5	5
海南	0	0	3	9
重庆	0	3	5	4
四川	0	4	5	3
贵州	2	2	6	2
云南	0	2	10	0
西藏	3	3	5	1
陕西	3	1	4	4
甘肃	4	3	5	0
青海	5	4	3	0
宁夏	4	2	3	3
新疆	4	3	3	2

附表 1-12　煤电机组超低排放改造后主要污染物排放绩效值　　单位：g/（kW·h）

类型	污染物	绩效值
超低排放	SO_2	0.123
	NO_x	0.175

附表 1-13 煤电机组达标排放改造后主要污染物排放绩效值　　单位：g/（kW·h）

燃　料	地　区	适用条件	绩效值
SO_2	高硫煤地区	新建锅炉	0.7
		现有锅炉	1.4
	重点地区	全部	0.175
	其他地区	新建锅炉	0.35
		现有锅炉	0.7
NO_x	重点地区	全部	0.35
	其他地区	W 型火焰锅炉、现有循环流化床锅炉	0.7
		其他锅炉	0.35

附表 1-14　锅炉 SO_2 和 NO_x 排污权核定绩效值　　单位：kg/（t·h）

燃 料	适用条件	SO_2	NO_x
煤	高硫煤地区	0.83	0.6
	一般地区	0.6	0.6
	重点地区	0.3	0.3
天然气	一般地区	0.05	0.4
	重点地区	0.05	0.15

附表 1-15 排放标准判定方法

类型		国Ⅰ前	国Ⅰ	国Ⅱ	国Ⅲ
工程机械	挖掘机	2008.10.1	2008.10.1—2010.10.1	2010.10.1—2015.10.1	2015.10.1—
	推土机				
	装载机				
	叉车				
	压路机				
	摊铺机				
	平地机				
	其他				
农业机械	大中型拖拉机	2008.10.1	2008.10.1—2010.10.1	2010.10.1—2015.10.1	2015.10.1—
	小型拖拉机				
	联合收割机				
	三轮农用运输车	2007.1.1	2007.1.1—2008.1.1	2008.1.1	
	四轮农用运输车				
	排灌机械	2008.10.1	2008.10.1—2010.10.1	2010.10.1—2015.10.1	2015.10.1—
	其他				
船舶	客运	2018.1.1	2018.1.1—2021.1.1	2021.1.1	
	货运	2018.1.1	2018.1.1—2021.1.1	2021.1.1	

附表 1-16　工业涂装重点行业 VOCs 排放因子取值

<table>
<tr><th>行业</th><th>产品</th><th>原辅材料使用类型</th><th>产污因子</th><th>备注</th></tr>
<tr><td rowspan="6">汽车制造业</td><td rowspan="2">轿车（均采用电泳）</td><td>中涂色漆为水性涂料，罩光为溶剂型</td><td>2.4 kg/辆</td><td></td></tr>
<tr><td>中涂、色漆及罩光均为溶剂型涂料</td><td>8.4 kg/辆</td><td></td></tr>
<tr><td>MPV</td><td>中涂、色漆及罩光均为溶剂型涂料</td><td>10.3 kg/辆</td><td></td></tr>
<tr><td>SUV</td><td>中涂、色漆及罩光均为溶剂型涂料</td><td>10.8 kg/辆</td><td></td></tr>
<tr><td>货车驾驶舱</td><td>溶剂型涂料</td><td>8.4 kg/辆</td><td></td></tr>
<tr><td>客车</td><td>溶剂型涂料</td><td>65.2 kg/辆</td><td></td></tr>
<tr><td rowspan="9">船舶制造</td><td>3 000 TEU（含）以下集装箱船</td><td>溶剂型涂料</td><td>58.19 kg/TEU</td><td rowspan="8">以产品产量为活动水平</td></tr>
<tr><td>3 000 TEU 以上集装箱船</td><td>溶剂型涂料</td><td>31.81 kg/TEU</td></tr>
<tr><td>2 万 DWT（含）以下化学品船</td><td>溶剂型涂料</td><td>5.19 kg/DWT</td></tr>
<tr><td>2 万～5 万（含）DWT 散货船</td><td>溶剂型涂料</td><td>2.57 kg/DWT</td></tr>
<tr><td>5 万～10 万（含）DWT 散货船</td><td>溶剂型涂料</td><td>2.37 kg/DWT</td></tr>
<tr><td>10 万 DWT 散货船</td><td>溶剂型涂料</td><td>1.47 kg/DWT</td></tr>
<tr><td>3 万 m^3（含）以下 LPG 船</td><td>溶剂型涂料</td><td>3.24 kg/m^3</td></tr>
<tr><td>3 万 m^3 以上 LPG</td><td>溶剂型涂料</td><td>2.52 kg/m^3</td></tr>
<tr><td></td><td>溶剂型涂料</td><td>600 kg/t 涂料</td><td>以涂料使用量为活动水平</td></tr>
<tr><td rowspan="2">卷材</td><td></td><td>溶剂型涂料</td><td>55 g/m^2</td><td>以产品产量为活动水平</td></tr>
<tr><td></td><td>溶剂型涂料</td><td>700 kg/t</td><td>以涂料使用量为活动水平</td></tr>
</table>

行业	产品	原辅材料使用类型	产污因子	备注
家具制造业	木质家具	水性涂料	150 kg/t 涂料	以涂料使用量为活动水平
		PE/PU 涂料	600 kg/t 涂料	
		硝基涂料	800 kg/t 涂料	
	金属家具	溶剂型涂料	600 kg/t 涂料	
		粉末涂料	0	未能实测，建议以后根据实测情况修订
工程机械		水性涂料	400 kg/t 涂料	以涂料使用量为活动水平
		溶剂型涂料	600 kg/t 涂料	
集装箱制造		溶剂型涂料	40 kg/TEU	以产品产量为活动水平
		水性环氧富锌底漆+水性环氧/丙烯酸中间漆+水性丙烯酸面漆	9.6 kg/TEU	
		溶剂型环氧富锌底漆+水性环氧/丙烯酸中间漆+水性丙烯酸面漆	24 kg/TEU	
		水性涂料	400 kg/t 涂料	以涂料使用量为活动水平
		溶剂型涂料	700 kg/t 涂料	

附表 1-17　其他行业 VOCs 排放因子取值

行业	工序/制程	排放因子（未采取控制措施）	活动水平	
		单位：t	原材料量或产品产量	单位
电子信息	二极体/电晶体制造程序	0.010 184	产品产量	m^2
		P（VOCs 含量，%）	含 VOCs 原辅料使用量	t
	光电元件材料制造程序	0.000 854	产品产量	m^2
		P（VOCs 含量，%）	含 VOCs 原辅料使用量	t
	光碟片制造程序（含涂布作业的适用）	0.002 72	产品产量	万片
		P（VOCs 含量，%）	含 VOCs 原辅料使用量	t
	印刷电路板制造程序	0.000 026	产品产量	m^2
		P（VOCs 含量，%）	含 VOCs 原辅料使用量	t
	液晶显示器制造程序	0.000 18	投入基板面积	m^2
		P（VOCs 含量，%）	含 VOCs 原辅料使用量	t
	晶圆包装程序	P（VOCs 含量，%）	含 VOCs 原辅料使用量	t
	铜箔基板制造程序	0.525	树脂使用量	t
		P（VOCs 含量，%）	含 VOCs 原辅料使用量	t
	集成电路制造程序（含光租、微影、蚀刻等作业）	0.002 24	产品产量	m^2
		P（VOCs 含量，%）	含 VOCs 原辅料使用量	t
	其他电子信息行业	P（VOCs 含量，%）	含 VOCs 原辅料使用量	t
纺织印染	纺织品表面涂装程序	P（VOCs 含量，%）	含 VOCs 原辅料使用量	t
	印染整理程序（具有染色程序的适用）	0.000 582	产品产量	t
	再生及合成纤维纺织品制造程序	0.042 312	产品产量	t
	其他纺织品制造或处理程序（使用含 VOCs 原辅料的适用）	P（VOCs 含量，%）	含 VOCs 原辅料使用量	t

行业	工序/制程	排放因子（未采取控制措施）	活动水平	
		单位：t	原材料量或产品产量	单位
木材加工	干燥、涂胶、热压等工序	P（VOCs 含量，%）	胶黏剂用量	t
制鞋	高频压型、印刷、发泡、注塑、鞋底喷漆、黏合等工序	P（VOCs 含量，%）	含 VOCs 原辅料使用量	t
建筑装饰	建筑涂装工序	P（VOCs 含量，%）	建筑涂料用量	t
干洗	干洗作业程序（使用石油系溶剂）	100%	石油系溶剂用量	t
	干洗作业程序（四氯乙烯溶剂）	100%	四氯乙烯溶剂用量	t
餐饮	商业餐饮	0.083 95	灶台数量	个

附表 1-18　重点工业行业落后产能淘汰要求

行业	子行业或工艺设备	淘汰标准	单位
钢铁	烧结机	90	m^2
	球团竖炉	8	
	炼铁高炉（不含铸造铁企业）	400	m^3
	炼钢转炉（不含铁合金转炉）及电炉（不含机械铸造电炉）	30	t
	高合金钢电炉	10	t
水泥	立窑、湿法窑	全部	
	干法中空窑（生产高铝水泥、硫铝酸盐水泥等特种水泥除外）	全部	
玻璃	平拉工艺平板玻璃生产线（含格法）	全部	
建陶	中低档建筑陶瓷砖生产线	70	万 m^2/a
	低档卫生陶瓷生产线	20	万件/a
	陶瓷土窑、倒焰窑、多孔窑、煤烧明焰隧道窑、隔焰隧道窑、匣钵装卫生陶瓷隧道窑	全部	
砖瓦	轮窑以及立窑、无顶轮窑、马蹄窑等土窑	18	门
石化	小炼油生产装置	100	万 t/a
	土法炼油	全部	
有色	铝自焙电解槽	全部	
	电解铝预焙槽	100	kA
	密闭鼓风炉、电炉、反射炉炼原生铜工艺及设备	全部	
	烧结锅、烧结盘、简易高炉等炼铅工艺及设备	全部	
	未配套建设制酸及尾气吸收系统的烧结机炼铅工艺	全部	
	马弗炉、马槽炉、横罐、小竖罐等进行焙烧，收尘方式为简易冷凝设施炼锌或生产氧化锌制品	8	t/（d·罐）
	地坑炉、坩埚炉、赫氏炉等方式炼锑	全部	
焦化	土法炼焦（含改良焦炉）、兰炭（干馏煤、半焦）	全部	
	小机焦（碳化室高度 3.2 m 及以上捣固焦炉除外）	4.3	m
燃煤锅炉	根据热电联产和集中供热规划确定		

附表 2　工程项目表

附表 2-1　“十三五”能源消费量预测

年份	单位GDP能耗/（t标煤/万元）	能源消费总量/万t标煤	煤炭消费总量/万t	其中			汽油消费量/万t	天然气消费量/亿 m^3	燃煤发电机组发电量/亿kW·h	热电联产机组供热量/MJ	燃煤机组装机容量/MW
				发电煤炭消费量/万t	钢铁行业煤炭消费量/万t	水泥行业煤炭消费量/万t					
2010			—								
2011			—								
2012			—								
2013			—								
2014			—								
2015			—								
2020											

注：发电煤炭消费量包括企业自备电厂耗煤量。

附表 2-2 SO_2 排放基数与分行业增量预测表

附表 2-2-1 SO_2 排放基数与分行业增量预测

	2015 年 SO_2 排放量/万 t	“十三五” SO_2 排放增量/万 t	淘汰落后产能的替代 SO_2 增量/万 t	备注
全省 SO_2 排放总量合计				
一、电力行业排放量			—	
二、钢铁行业排放量				
三、船舶排放量				
四、其他行业				
1. 宏观预测结果				
2. 分行业预测结果				
（1）焦化行业				
（2）平板玻璃行业				
（3）有色金属行业				
（4）石化行业				

注：备注中填写的内容为宏观预测所选择的行业。

附表 2-2-2　船舶 SO_2 排放基数与分行业增量预测

类型		“十三五”船舶新增客、货周转量		2020 年燃油硫含量/（g/t）	“十三五”船舶 SO_2 排放新增量/t
		客运周转量/（万人·km）	货运周转量/（万 t·km）		
船舶	内河				
	沿海				
	远洋				

附表 2-3　NO_x 排放基数与分行业增量预测表

附表 2-3-1　NO_x 排放基数与分行业增量预测

	2015 年 NO_x 排放量/万 t	“十三五” NO_x 排放增量/万 t	淘汰落后产能的替代 NO_x 增量/万 t	备注
全省 NO_x 排放总量合计				
一、电力行业排放量			—	
二、水泥行业排放量	—	—	—	
三、移动源排放量				
1. 机动车排放量				
2. 黄标车排放量				
3. 工程机械排放量				
4. 农业机械排放量				
5. 船舶排放量				
四、其他行业				
1. 宏观预测结果				
2. 分行业预测结果				
（1）钢铁行业				
（2）焦化行业				
（3）平板玻璃行业				

注：备注中填写的内容为宏观预测所选择的行业。

附表 2-3-2 机动车 NO_x 排放基数与分行业增量预测

类型				“十三五”新增保有量		“十三五”新增保有量 NO_x 排放增量/t	“十三五”替代保有量		“十三五”替代保有量 NO_x 排放增量/t
				国Ⅳ	国Ⅴ		国Ⅳ	国Ⅴ	
载客汽车	载客	出租车	汽油						
		其他	汽油						
	轻型	出租车	汽油						
			柴油						
		其他	汽油						
			柴油						
	中型	公交车	汽油						
			柴油						
		其他	汽油						
			柴油						
	大型	公交车	汽油						
			柴油						
		其他	汽油						
			柴油						
载货汽车	微型		汽油						
			柴油						
	轻型		汽油						
			柴油						
	中型		汽油						
			柴油						
	重型		汽油						
			柴油						
低速载货汽车	三轮汽车								
	低速货车								
摩托车	普通								
	轻便								

附表 2-3-3　工程机械和农业机械 NO_x 排放基数与分行业增量预测

类型		“十三五”工程机械、农业机械新增保有量/台	“十三五”新增机械 NO_x 排放增量/t	“十三五”工程机械、农业机械替代保有量/台	“十三五”替代机械 NO_x 排放增量/t
		国III		国III	
工程机械	挖掘机				
	推土机				
	装载机				
	叉车				
	压路机				
	摊铺机				
	平地机				
农用机械	大中型拖拉机				
	小型拖拉机				
	联合收割机				
	三轮汽车				
	低速货车				
	其他				

附表 2-3-4　船舶 NO_x 排放基数与分行业增量预测

类型		“十三五”船舶新增客货周转量		“十三五”船舶新增 NO_x 排放量/t	“十三五”替代船舶完成的客、货周转量		“十三五”替代船舶 NO_x 排放量/t
		客运周转量/（万人·km）	货运周转量/（万 t·km）		客运周转量/（万人·km）	货运周转量/（万 t·km）	
船舶	内河						
	沿海						
	远洋						

附表 2-4 VOCs 排放基数与分行业增量预测

	2015 年 VOCs 排放量/万 t	“十三五”VOCs 排放增量/万 t	备注
全省 VOCs 排放总量合计			
一、工业源排放量			
1. 石化行业排放量			
2. 化工行业排放量			
3. 印刷行业排放量			
4. 其他行业排放量			
二、生活源排放量			
三、交通源排放量			
1. 机动车			
2. 油品储运销			

附表 2-5　电力行业超低排放及达标治理工程项目

省份	地市	企业名称	机组编号	装机容量/MW	SO_2减排措施	NO_x减排措施	2015年SO_2排放量/t	2020年综合脱硫效率/%	2020年SO_2排放量/t	2015年NO_x排放量/t	2020年NO_x排放量/t	2020年综合脱硝效率/%	"十三五"SO_2削减量/（t/a）	"十三五"NO_x削减量/（t/a）	SO_2减排措施完成时间	NO_x减排措施完成时间

注：①SO_2减排措施，新安装脱硫设施填写新建+脱硫技术类型，如新建石灰石-石膏湿法脱硫、新建循环流化床炉内喷钙等；已投运脱硫设施改造项目填写具体改造内容，如脱硫增容改造、循环流化床炉外脱硫改造等；超低排放改造填写"超低排放改造+具体改造内容"，如超低排放改造增加喷淋层等；管理减排措施填写具体管理措施，包括提高投运率、完善在线监测、循环流化床自动喷钙改造等。

②NO_x减排措施填写"低氮燃烧改造""新建 SCR/SNCR""低氮燃烧改造+新建 SCR/SNCR""超低排放改造+具体措施（如超低排放改造催化剂加层）""脱硝改造+具体措施（如 SNCR 改 SCR）""加强管理+具体措施"等。

附表 2-6　重点工业行业脱硫、脱硝工程（管理）项目

省份	地市	企业名称	行业	生产线名称	规模	单位	SO_2减排措施	NO_x减排措施	2015年SO_2排放量/t	2015年NO_x排放量/t	2020年综合脱硫效率/%	2020年综合脱硝效率/%	2020年SO_2排放量/t	2020年NO_x排放量/t	“十三五”SO_2削减量/（t/a）	“十三五”NO_x削减量/（t/a）	完成时间

注：各行业新建脱硫、脱硝工程填写新建脱硫/脱硝+具体技术类型，已投运脱硫设施改造项目填写具体改造内容，管理减排项目填写加强管理的措施。

附表 2-7　集中供热/热电联产工程项目

省份	地市	热源								被替代锅炉								"十三五"SO_2削减量/（t/a）
		企业名称	规模/（蒸吨/MW）	投运时间	燃料类型	燃料消费量（万t/万m^3）	供热量/万GJ	平均脱硫效率/%	平均脱硝效率/%	企业名称	设备规模/蒸吨	年耗煤量/万t	上年环统SO_2排放量	上年环统NO_x排放量	燃煤硫分/%	平均脱硫效率/%	关停时间	

注：若被替代锅炉为生活锅炉，没有环统排放量，则无须填写。

附表 2-8 能源清洁化利用工程项目表

附表 2-8-1 清洁能源改造工程项目

省份	地市	企业名称	所属行业	设备名称及编号	设备规模	产品名称	产品产量	工程类别	替代前燃料消费量/（万 t/a）	替代前燃料平均硫分/%	替代后燃气消费量/m^3	2015 年环统 SO_2 排放量	2015 年环统 NO_x 排放量	“十三五” SO_2 削减量/（t/a）	“十三五” NO_x 削减量/（t/a）	完成时间

注：工程类别填煤改天然气、煤改焦炉煤气、煤改电等。煤改电无须填写替代后燃气消费量。

附表 2-8-2　散煤清洁化治理

省份	地市	散煤清洁化前		清洁化后		"十三五" SO_2 削减量/（t/a）
		散煤使用量/万 t	散煤硫分/%	洁净煤使用量/万 t	洁净煤硫分/%	

附表 2-9　船舶 SO_2 治理工程项目表

附表 2-9-1　船舶油品升级 SO_2 减排项目

类型		2015 年客货周转量		2015 年燃油硫含量/%	2020 年燃油硫含量/%	“十三五”油品升级船舶 SO_2 排放削减量/t
		客运周转量/（万人·km）	货运周转量/（万 t·km）			
船舶	内河					
	沿海					
	远洋					

附表 2-9-2 船舶岸电工程 SO_2 减排项目

		2014 年 SO_2 排放量/t	2015 年 SO_2 排放量/t	“十三五”船舶 SO_2 排放新增量/t	“十三五”油品升级船舶 SO_2 排放削减量/t	岸电工程 SO_2 排放削减比例/%	“十三五”岸电工程 SO_2 排放削减量/t
船舶排放量	内河						
	沿海						
	远洋						

附表 2-10 移动源 NO_x 治理工程项目表

附表 2-10-1 机动车淘汰 NO_x 减排项目

类型				"十三五"期间机动车淘汰量/万辆					被淘汰车辆2015年 NO_x 排放量/万t
				国Ⅰ前	国Ⅰ	国Ⅱ	国Ⅲ	国Ⅳ	
载客汽车	载客	出租车	汽油						
		其他	汽油						
	轻型	出租车	汽油						
			柴油						
		其他	汽油						
			柴油						
	中型	公交车	汽油						
			柴油						
		其他	汽油						
			柴油						
	大型	公交车	汽油						
			柴油						
		其他	汽油						
			柴油						
载货汽车	微型		汽油						
			柴油						
	轻型		汽油						
			柴油						
	中型		汽油						
			柴油						
载货汽车	重型		汽油						
			柴油						
低速载货汽车	三轮汽车								
	低速货车								
摩托车	普通								
	轻便								

附表 2-10-2　工程机械和农业机械淘汰 NO_x 减排项目

类型		"十三五"期间工程机械、农业机械淘汰量/万辆			被淘汰机械 2015 年 NO_x 排放量/万 t
		国Ⅰ前	国Ⅰ	国Ⅱ	
工程机械	挖掘机				
	推土机				
	装载机				
	叉车				
	压路机				
	摊铺机				
	平地机				
农用机械	大中型拖拉机				
	小型拖拉机				
	联合收割机				
	三轮汽车				
	低速货车				
	其他				

附表 2-10-3　船舶淘汰 NO_x 减排项目

类型		“十三五”期间淘汰船舶完成的客、货周转量		被淘汰船舶 2015 年 NO_x 排放量/万 t
		客运周转量/（万人·km）	货运周转量/（万 t·km）	
船舶	内河			
	沿海			
	远洋			

附表 2-10-4 工程机械和农业机械改造 NO_x 减排项目

类型		"十三五"期间工程机械、农业机械改造量/万辆			被改造机械2015年 NO_x 排放量/t	改造效率/%	被改造机械 NO_x 排放削减量/万t
		国Ⅰ前	国Ⅰ	国Ⅱ			
工程机械	挖掘机						
	推土机						
	装载机						
	叉车						
	压路机						
	摊铺机						
	平地机						
农用机械	大中型拖拉机						
	小型拖拉机						
	联合收割机						
	三轮汽车						
	低速货车						
	其他						

附表 2-10-5　船舶改造 NO_x 减排项目

类型		“十三五”期间改造船舶完成的客、货周转量		被改造船舶2015年 NO_x 排放量/t	改造效率/%	被改造船舶 NO_x 排放削减量/万 t
		客运周转量/（万人·km）	货运周转量/（万 t·km）			
船舶	内河					
	沿海					
	远洋					

附表 2-10-6　移动源油品供应 NO_x 减排项目

	2014 年 NO_x 排放量/万 t	2015 年 NO_x 排放量/万 t	"十三五" NO_x 排放新增量/t	"十三五"淘汰工程 NO_x 排放量/t	"十三五"改造工程 NO_x 排放量/t	油品质量升级 NO_x 排放削减比例/%	油品质量升级 NO_x 排放量/万 t
移动源排放量							
其中：机动车排放量							
工程机械排放量							
农业机械排放量							
船舶排放量							

附表 2-10-7　船舶岸电工程 NO_x 减排项目

	2014 年 NO_x 排放量/万 t	2015 年 NO_x 排放量/万 t	“十三五” NO_x 排放新增量/t	“十三五”淘汰工程 NO_x 排放量/t	“十三五”改造工程 NO_x 排放量/t	油品质量升级 NO_x 排放量/t	岸电工程 NO_x 排放削减比例/%	岸电工程 NO_x 排放削减量/万 t
船舶排放量								

附表 2-11　工业源 VOCs 治理工程项目表

附表 2-11-1　石化化工行业 VOCs 综合治理工程项目

省份	基本信息						2015 年 VOCs 排放量/t	预计 VOCs 综合去除率/%	预计年度新增削减能力/t
	地市	企业名称	减排措施	规模	计量单位	完成时间			

注：①本表格适用于填写石油炼制与石油化工，石油勘探开发，农药、医药、涂料、油墨、有机颜料、胶黏剂制造、化学纤维、橡胶和塑料制品制造，煤化工等行业 VOCs 综合治理工程。

②减排措施：填写设备动静密封点泄漏、有机液体储存与调和、有机液体装卸损失、废水集处过程逸散、工艺排放以及其他源项采取的具体减排措施。

③规模：对于 LDAR，应填写密封点总数量（个）；对于有机液体储存与调和，应填写有机液体（含油品）周转量（m^3）；对于有机液体装卸，应填写装载量（m^3）；对于废水集输、储存、处理处置，应填写废水处理量（m^3）；对于工艺有组织废气，应填写装置生产能力（t）。

附表 2-11-2　工业涂装 VOCs 综合治理工程项目

省份	基本信息								2015 年 VOCs 排放量/t	预计 VOCs 综合去除率/%	预计年度新增削减能力/t
	地市	企业名称	所属行业类型	减排措施	减少溶剂使用量/t	末端治理情况		完成时间			
						治理工艺	处理废气量/m^3				

注：①本表格适用于填写存在涂料调配、表面前处理（脱脂、除旧漆等）、涂覆（含底漆、中涂、面漆、清漆）、流平、干燥等生产工序的工业行业 VOCs 综合治理工程。

②减排措施采取低挥发性涂料替代与涂装工艺改造措施的，填写“减少溶剂使用量”；建设末端治理装置的，填写“末端治理情况”。

③“减少溶剂使用量”是指采取水性、高固体份、粉末、紫外光固化等低挥发性涂料替代，改造涂装工艺、提高喷涂效率等措施后，由于减少有机原辅料用量而减少的 VOCs 投入量，用采取措施前后有机原辅料的 VOCs 含量之差计算。各种有机原辅料的 VOCs 含量优先采取有资质检测机构出具的有机类原辅材料的检测分析报告中 VOCs 含量；以供货商提供的质检报告（MS/DS 文件）为核定依据，如文件中的溶剂含量数据为百分比范围，取其范围中值。

④“治理工艺”填写治理设施具体采取的治理技术，如冷凝、吸收、吸附、生物法、等离子、光催化、热力焚烧、蓄热式热力焚烧、催化燃烧、蓄热式催化燃烧等，或其他组合治理技术。

附表 2-11-3　印刷行业 VOCs 综合治理工程项目

<table>
<tr><th rowspan="3">省份</th><th colspan="8">基本信息</th><th rowspan="3">2015 年 VOCs 排放量/t</th><th rowspan="3">预计 VOCs 综合去除率/%</th><th rowspan="3">预计年度新增削减能力/t</th></tr>
<tr><th rowspan="2">地市</th><th rowspan="2">企业名称</th><th rowspan="2">所属行业类型</th><th rowspan="2">减排措施</th><th rowspan="2">减少溶剂使用量/t</th><th colspan="2">末端治理情况</th><th rowspan="2">完成时间</th></tr>
<tr><th>治理工艺</th><th>处理废气量/m³</th></tr>
<tr><td></td><td></td><td></td><td></td><td></td><td></td><td></td><td></td><td></td><td></td><td></td><td></td></tr>
<tr><td></td><td></td><td></td><td></td><td></td><td></td><td></td><td></td><td></td><td></td><td></td><td></td></tr>
</table>

注：①本表格适用于填写印刷行业 VOCs 综合治理工程。

②减排措施采取低挥发性涂料替代与涂装工艺改造措施的，填写"减少溶剂使用量"；建设末端治理装置的，填写"末端治理情况"。

③"减少溶剂使用量"是指：采取低 VOCs 含量的润版液、洗车水、涂布液、清洗剂等有机原辅料，使用水性、大豆基、紫外光固化、电子束固化等低挥发性油墨；应用无溶剂复合、水性胶复合等环境友好型复合技术等措施后，由于减少有机原辅料用量而减少的 VOCs 投入量，用采取措施前后有机原辅料的 VOCs 含量之差计算。各种有机原辅料的 VOCs 含量优先采取有资质检测机构出具的有机类原辅材料的检测分析报告中 VOCs 含量；以供货商提供的质检报告（MS/DS 文件）为核定依据，如文件中的溶剂含量数据为百分比范围，取其范围中值。

④"治理工艺"填写治理设施具体采取的治理技术，如冷凝、吸收、吸附、生物法、等离子、光催化、热力焚烧、蓄热式热力焚烧、催化燃烧、蓄热式催化燃烧等，或其他组合治理技术。

附表 2-11-4 其他工业行业 VOCs 综合治理工程项目

<table>
<tr><th rowspan="3">省份</th><th colspan="8">基本信息</th><th rowspan="3">2015 年 VOCs 排放量/t</th><th rowspan="3">预计 VOCs 综合去除率/%</th><th rowspan="3">预计年度新增削减能力/t</th></tr>
<tr><th rowspan="2">地市</th><th rowspan="2">企业名称</th><th rowspan="2">所属行业类型</th><th rowspan="2">减排措施</th><th rowspan="2">减少溶剂使用量/t</th><th colspan="2">末端治理情况</th><th rowspan="2">完成时间</th></tr>
<tr><th>治理工艺</th><th>处理废气量/m^3</th></tr>
<tr><td></td><td></td><td></td><td></td><td></td><td></td><td></td><td></td><td></td><td></td><td></td><td></td></tr>
<tr><td></td><td></td><td></td><td></td><td></td><td></td><td></td><td></td><td></td><td></td><td></td><td></td></tr>
<tr><td></td><td></td><td></td><td></td><td></td><td></td><td></td><td></td><td></td><td></td><td></td><td></td></tr>
</table>

注：①本表格适用于填写除工业涂装和印刷外其他有机溶剂使用行业 VOCs 综合治理工程，其 VOCs 产生主要来源于使用的有机溶剂在生产过程中 VOCs 挥发逸散或经由排气筒排放。主要包括电子信息、制鞋、纺织印染、木材加工等。

②减排措施采取低挥发性涂料替代与涂装工艺改造措施的，填写“减少溶剂使用量”；建设末端治理装置的，填写“末端治理情况”。

③“减少溶剂使用量”是指采取低挥发性有机溶剂替代、改造生产工艺等措施后，由于减少有机原辅料用量而减少的 VOCs 投入量，用采取措施前后有机原辅料的 VOCs 含量之差计算。各种有机原辅料的 VOCs 含量优先采取有资质检测机构出具的有机类原辅材料的检测分析报告中 VOCs 含量；以供货商提供的质检报告（MS/DS 文件）为核定依据，如文件中的溶剂含量数据为百分比范围，取其范围中值。

④“治理工艺”填写治理设施具体采取的治理技术，如冷凝、吸收、吸附、生物法、等离子、光催化、热力焚烧、蓄热式热力焚烧、催化燃烧、蓄热式催化燃烧等，或其他组合治理技术。